Michael von Känel

Band 4

I0427266

Bäume

Unsere stillen Freunde

Teil 4 von 35

aus dem Gesamtwerk 3 des Verlages
www.denkmalnach.ch

Copyright und Layout:

Michael von Känel, BE/Schweiz

Inhalt

1 Einleitung

Ein Baum ist ein Phänomen. Wer Bäume als das wahrnimmt, was sie für uns Menschen sein könnten, der erweitert seine Perspektive in vielerlei Richtungen. Denn ein Baum ist nicht einfach nur eine Pflanze, die da wächst. Nein, ein Baum hat uns auf vielen Ebenen vieles zu sagen. Und ein Baum würde sich sehr gut um uns kümmern, wenn wir es wollten und zuliessen.

Aber da ein Baum fest an seinen Standort gebunden ist, muss der Mensch eben zum Baum kommen, da es andersrum nicht möglich ist. Und so können eben nur die Menschen von den Bäumen lernen und profitieren, die zu ihnen hingehen, sich ihnen anvertrauen und sich mit ihnen austauschen.

Nun, das mag jetzt etwas verklärt klingen «sich mit Bäumen auszutauschen». Aber ist es nicht so, dass ein Baum lebt? Wächst er nicht, wie jedes andere Lebewesen? Und verändert er nicht seine Erscheinung im Laufe seines Lebens?

Würde ein Baum nicht leben, so hätte er eine ähnliche Wirkung auf uns wie ein Gebäude, eine Statue oder ein Steinblock. Aber nein, ein

Baum ist viel mehr. Besser gesagt, er wird zu viel mehr, wenn wir ihn als das erkennen, was er ist. Und in erster Linie ist der Baum der Freund des Menschen. Selbst wenn diese Freundschaft meist sehr einseitig ist.

Dass sich das ändern kann, dass mehr Menschen Bäume als Lebewesen erkennen und dass mehr Verbindung mit diesem lebendigen Teil unserer Welt erwachsen kann, darum will sich dieses Büchlein hier bemühen.

Es ist dies sicherlich keine leichte Aufgabe. Und es besteht auch das Risiko, dass sowohl der Autor wie auch der veröffentlichende Verlag sich kritischen Ansichten auszusetzen haben. Aber es ist nichts Verbotenes daran, aufgrund von Wahrnehmung und Beobachtung über etwas zu schreiben, was alle selbst entdecken könnten, wenn sie sich Zeit dazu nehmen und einen Zugang zur Thematik aufbauen würden.

Bäume sind still und können nicht sprechen. Vielleicht deshalb versucht ihnen der Verlag über diese Buchserie hier eine Stimme zu geben. So wie vielen anderen Dingen auch, über die es vieles zu wissen gäbe, worüber wir Menschen uns im Alltag aber kaum Gedanken machen; was dazu führt, dass unsere Welt kalt und grau bleibt und auch bisweilen vereinsamt, weil wir Menschen schnell damit sind, das, was wir nicht verstehen zu beseitigen, weil es stört.

Wenn in einem Dorf die Dorflinde gefällt wird, damit mehr Platz für die Verkehrsführung entsteht, dann hat der Mensch einmal mehr verkannt, um was es im Leben doch eigentlich gehen würde.

Der Autor wünscht sich, dass wir wieder mehr und näher mit Bäumen zusammenleben würden. Denn was ist das für eine Welt, in der Bäume keinen Platz mehr finden? Wo soll der Singvogel sich hinsetzen, um sich auszuruhen oder sein Abendlied zu singen? Und wo sollen wir Ruhe und Erdung tanken können, wenn Bäume nur noch in Form von Spanplatten aus dem Billigmöbelhaus in unserer Wohnung vorkommen?

Mehr über Bäume zu erfahren, über sie nachzudenken und zu ihnen zu gehen und sie kennen zu lernen, kann helfen, sein eigenes Leben zu bereichern. Darum dieses Büchlein. Und darum diese ganze Buchserie. Es geht darum, seine Augen über Wissen und Beobachtung öffnen zu dürfen für das, was unserem Leben Sinn und Wert verleiht. Bäume gehören ganz bestimmt dazu. Und wer lernt, einen Baum ganzheitlich wahrzunehmen und zu erleben, der wird dadurch ein anderer Mensch.

Hoffentlich nicht ein Extremist, der militant das tut, was die Ignoranten auch tun – nur auf eine andere Weise auf der anderen Seite der Frontlinie. Nein, der Autor wünscht sich, dass über dieses Büchlein hier mehr Menschen in ihrem Wesen so werden wie ein Baum: ruhig, bedächtig, gutmütig und gebend.

Und wer unterwegs ist und einen frischen Apfel von einem Baum pflücken und ihn essen darf, der erkennt, wie viel uns Bäume zu geben hätten, wenn wir sie als Teil unseres Lebens erkennen und zulassen würden. Denn Bäume sind wichtiger Bestandteil der Natur. Und der Mensch kann nur ein annehmbares Leben führen, wenn er auf die Natur eingeht und sie als Teil des Seins akzeptiert und respektiert.

Wer Bäumen Platz gibt zum Wachsen, der gibt sich selbst dadurch Raum, um sich ganzheitlich zu entfalten. Solche Zusammenhänge lehren uns Bäume. Und dass wir uns ihnen gegenüber dafür dankbar erweisen, ist nichts als Recht.

Wenn wir uns jetzt auf die Entdeckungsreise machen, um Bäume besser kennenzulernen, so fangen wir zuerst an mit einer Abgrenzung, was dieses Büchlein nicht will und auch nicht tun wird. Denn dieses Büchlein strebt andere Themen und Inhalte an als es etwa ein

Naturführer mit wissenschaftlichem Hintergrund tun würde…

2 Abgrenzung

Wer in der heutigen Zeit einen Baum bestimmen will, der braucht nur sein Smartphone hervorzunehmen, ein Foto von einem Ast mit Blättern dran zu machen und die Suchmaschine über die Bildsuche nach der korrekten Klassifizierung suchen zu lassen. Und dann zeigt der Bildschirm in kürze ähnliche Bilder an und darunter steht, um welchen Baum es sich handelt. Und per Klick kommt man auch gleich auf eine Internetseite, wo der Baum in all seinen biologischen Eigenheiten beschrieben und erklärt wird.

Aber wer sich den Bäumen so auf technokratische Weise über künstliche Intelligenz annähert, der wird niemals ihr Wesen verstehen. Auch wird er niemals zu empfinden vermögen, was einen lebendigen Baum für uns Menschen ausmacht.

Nein, genau aus diesem Grund will dieses Büchlein hier nicht die wissenschaftliche Herangehensweise wählen und über das Wissen des Biologen die Funktionsweisen und Eigenheiten von Pflanzen zu ergründen versuchen. Wer das wünscht, der findet problemlos Zugang dazu. Man könnte sogar Programme damit beauftragen, selbst aus dem offen zur Verfügung stehenden Wissen im Netz ein Büchlein zu verfassen, das dann nur noch gelesen werden müsste.

Aber für den Autor wäre so ein Büchlein inhaltlich leer. Denn wenn immer nur das abgeschrieben und in neue Schläuche abgefüllt wird, was bereits besteht, dann kann sich die Menschheit und somit auch der einzelne Mensch als Individuum nicht weiterentwickeln und entfalten. Und darum grenzt sich dieses Büchlein hier von einer einseitigen, dafür wissenschaftlich belegbaren Herangehensweise ab.

Wer sich mit geschlossenen Augen einem Baum annähern kann, wer anhand der Berührung der Rinde und der energetischen Einwirkung erkennen kann, um welche Baumart es sich handeln könnte, der hat einen anderen Zugang als derjenige, der einen Baum in eine Gattung einzuordnen und so in eine Schublade einzusperren wünscht. Und wer innerhalb der verschiedenen Buchen oder Eichen Unterschiede erkennen kann, der ist bereit dafür, von der Natur zu lernen.

Um solche Ansätze soll es in diesem Büchlein gehen. Denn das ist die Spezialität des Verlages denkmalnach.ch. Es geht darum, über Beobachtung und Reflexion etwas zu erschliessen und sich mit ihm zu verbinden.

Denn Verbindung hat eine andere Qualität als Wissen. Und wenn dann auch noch das Energetische dazu genommen werden kann, dann wird endlich verständlich, warum die Elben den Bäumen Lieder singen, damit diese so wachsen, dass ein harmonisches Zusammenleben vollumfänglich möglich wird.

Also, keine Biologievorträge und keine Klassifizierungstabellen. Nur Informationen und Hinweise, die bereichern und erstaunen können, wenn man dies wünscht.

Aber entsprechend dem Untertitel dieses Büchleins ist ja auch kein anderer Zugang möglich. Denn über Klassifizierung und wissenschaftliche Einreihung kann aus einem Baum kein stiller Freund werden. Freunde gewinnt man nur, wenn man etwas von sich gibt, auf dass über die so entstandene Verbindung etwas zurückkommen kann.

Nun, Bäume sind besonders gute Freunde. Denn sie geben uns auch dann, wenn wir sie nicht einmal darum bitten. Oder denken Sie, es sei reiner Zufall, dass man sich nach einem Waldspaziergang viel vitaler und frischer fühlt?

Um Geheimnisse wie das des Baumpranas und der Aura der Bäume soll es auch gehen. Aber eben nicht nur. Was Sie erwarten wird, lesen Sie also am besten selbst. Wir wollen mal mit dem beginnen, worum es oberflächlich gesehen gehen könnte...

3   Der Baum

Ein Baum ist eine Pflanze und wird dem zweiten Königreich zugeordnet. Das erste Königreich ist das Erdreich, also das Reich der Steine, der Berge, der Mineralien und der uns als leblos erscheinenden Erde. Im zweiten Königreich finden wir alle Pflanzen. Im Vergleich zu einem Stein hat sich eine Pflanze in ihren Möglichkeiten schon sehr viel weiterentwickelt. Denn sie ist durchaus in der Lage Sympathie und Antipathie in Bezug auf das zu empfinden, was um sie herum lebt und besteht.

Pflanzen sind für das dritte und das vierte Königreich von grosser Bedeutung. Denn sie helfen, aus dem Erdreich das erwachsen zu lassen, was die Tierwelt und wir Menschen dann als Nahrung essen können. Im dritten Königreich, dem Tierreich, haben sich die Möglichkeiten der Lebewesen im Vergleich zu den Pflanzen noch einmal gewaltig entwickelt. Ein Tier ist nicht nur imstande zu empfinden. Nein, es ist auch bereits fähig, einfache Gedankengänge anzustellen und sich somit gezielt zu verhalten, was ihm eine weitreichendere Lebensweise ermöglicht. Aber ein Tier ist nichts im Vergleich zu den Möglichkeiten, die ein Mensch haben könnte. Denn der Mensch ist, weil er denkt. Und wer seinen Geist entwickelt und seine Wahrnehmung schult, der kann annähernd die Stellung Gottes auf Erden einnehmen. Aber das bedingt viel Verantwortung und einen weit entwickelten Charakter. Und darum ist es gut, wenn man sich über die anderen Königreiche und ihre Bewohner Gedanken macht, damit man ihnen gerecht werden und ihnen ihren Platz zugestehen kann.

Also, ein Baum gehört zu den Lebewesen des zweiten Königreichs, und als solches ist er unverzichtbarer Bestandteil des Ganzen. Denn ein Ökosystem ohne Bäume wäre etwa so wie ein Schwimmbecken ohne Wasser. Und wenn wir die Wirkung der Bäume auf unsere Erde und auf unser Klima betrachten, so erkennen wir, wie umfassend bedeutungsvoll Pflanzen für all das sind, was auf dem Erdenrund lebt.

Ein Baum entsteht aus einem Samen, der über mannigfaltige Weise seinen Weg zu dem Ort finden kann, wo er zu keimen beginnt, und wo aus ihm ein viele Meter hohes, wunderbares Gebilde erwachsen kann, das sich an seinen Standort anpasst und auf die nähere Umgebung einen grossen Einfluss ausübt.

Zu Beginn seines Daseins muss ein kleiner Baum ums Überleben kämpfen. Denn mit ihm zusammen keimen ständig andere Pflanzen, die ebenfalls wachsen und den Kampf ums Sonnenlicht mitkämpfen. Nur die Pflanze, die die besten Voraussetzungen vor Ort findet, wird das Rennen gewinnen und die anderen überflügeln, so dass sie über ihre Blätter Sonnenenergie aufnehmen und diese über die Photosynthese in Wachstumssubstanz umwandeln kann. Und so wird aus einem Keimling eine Jungpflanze, ein Jungbaum, dann ein Zukunftsbaum und schliesslich ein ausgewachsener Baum, der seinerseits über die Bildung von Früchten und Samen mithilft, seine Art zu erhalten – nebst dem, dass er für das ganze Ökosystem vielfältige Funktionen übernimmt und ausführt.

Ja, ein Baum, der sich über sein Wurzelwerk immer mehr Erdung verschafft, der einen Stamm aus festem Holz bildet und über seine Äste die bestmögliche Ausbreitung seiner Reichweite anstrebt, damit er über seine Blätter oder Nadeln möglichst viel Sonnenenergie aufzunehmen vermag, der verbindet die Erde mit dem Himmel. Er wird zum Bindeglied zwischen dem, was wir als irdisch und dem, was wir als himmlisch bezeichnen.

Und weil Pflanzen den Boden der Erde abdecken, festigen und schützen, kann sich auf der Erdoberfläche das entwickeln, was wir als allgemeines Leben bezeichnen.

Wenn wir Menschen uns diese Tatsache nicht ständig vor Augen halten, dann fangen wir an, an dem Ast zu sägen, auf dem wir sitzen. Und darum sollten wir es immerzu als unsere Aufgabe ansehen, überall dort einer Pflanze das Wachsen zu ermöglichen, wo wir die Möglichkeit und Befugnis dafür haben.

Wenn ein Baum aus Wurzeln, einem Stamm, aus Ästen, Blättern und einer Aura besteht, so ist er eigentlich ein einfaches Abbild von uns Menschen. Auch wir leben gesund und vital, wenn wir unsere Wurzeln haben, mit denen wir Erdung erreichen können. Auch wir verfügen über einen Rumpf, der als Zentrum für die daran angebundenen Extremitäten dient. Und wenn der Baum über Blätter oder Nadeln mit den Elementen interagiert, so tun wir das Gleiche mit unseren Sinnen und über unsere Haut. Und auch eine Aura haben wir Menschen, gleich wie der Baum. Nur dass unsere Aura komplexer und vielschichtiger aufgebaut ist, da wir über höher entwickelte Energiekörper verfügen, als eine Pflanze diese entwickeln kann.

Ein Baum wirkt also, wie wir Menschen es auch könnten, als Versorger. Er versorgt uns Menschen mit Rohstoffen, Nahrung und mit Energie. Und was geben wir dafür zurück? Wir warten mit Motorsägen, Baggern und anderem schweren Gerät auf und zerstören nicht nur die

Pflanzen selbst, sondern auch ihren Lebensraum. Ist das unser Dank dafür, dass selbstlos für uns gesorgt wird?

Wir erkennen: Wer einen Baum als mehr wahrnimmt als nur ein dastehendes Etwas, über das man frei verfügen darf, der erkennt, dass das ganze Leben viel mehr wäre, als dass wir Menschen wahrzunehmen vermögen.

Und darum ist ein Baum für uns etwas Wertvolles, was wir wertschätzen und achten sollten.

Sicherlich, nicht immer können wir jedem einzelnen Baum seine Daseinsberechtigung gewähren. Aber das bedeutet noch lange nicht, dass wir achtlos mit allen Bäumen umgehen. Wer einen Baum fällt und dafür einen anderen pflanzt, der zerstört zwar etwas Bestehendes. Gleichzeitig aber hilft er mit, etwas Neues entstehen zu lassen. Dieses Bewusstsein hilft den Bäumen als Gesamtheit. Und während wir Menschen das Leben als etwas Vergängliches betrachten und daher Furcht vor dem Tod empfinden, dürfte dies bei Bäumen nicht ganz so extrem sein. Denn wer sich oft im Wald aufhält und beobachtet, der erkennt, dass die Natur und somit auch die Pflanzenwelt anders zu funktionieren scheinen als die Menschheit. Denn in einem Wald zählt die Gesamtheit, bestehend aus individuellen Pflanzen. Und wenn ein Baum gefällt wird, dann eröffnet dies vielen anderen Pflanzen und Organismen neue Entwicklungsperspektiven. Wenn also Waldbau nachhaltig und respektvoll betrieben wird, so kann der Mensch Bäume als Ressource nutzen und gleichzeitig dadurch das Ökosystem bereichern helfen. Aber das geht nicht, indem mit schweren Maschinen ganze Waldflächen dem Erdboden gleichgemacht werden und dann wieder eine Monokultur aufgeforstet wird. Das geht nur, indem nachhaltig und einfühlsam die Bäume entnommen werden, die ohnehin das Ende ihrer Lebensspanne erreicht haben und entsprechend selbst in absehbarer Zeit eingehen würden in den Kreislauf des Kommens und Gehens.

Ja, Bäume können uns vieles aufzeigen und vieles lehren. Das ist wohl eine ihrer Aufgaben. Aber Bäume haben noch viele andere Aufgaben, denen wir uns im nächsten Kapitel anzunähern versuchen.

4 Die Aufgaben der Bäume

Dass ein Baum die Erdoberfläche vor Erosion schützt, das ist allgemein bekannt. Dass er durch sein Bestehen einen Nährstoffkreislauf unterhält und zur Humusbildung beiträgt, das weiss der Naturfreund ebenfalls. Auch dass Bäume Rohstoffe in Form von Holz, Biomasse und Harzen liefern, ist eine Tatsache. Um aber an diese Rohstoffe zu kommen, muss ein Baum meist gefällt und somit zerstört werden. Das schmerz vor allem all diejenigen, die einen Baum auch als Energielieferanten und somit als eine Art koexistierendes Lebewesen betrachten.

Und hier wollen wir etwas mehr in die Tiefe gehen. Denn das bringt viel mehr, als wenn wir hier schildern würden, welche Rolle die Bäume für Industrie und Wirtschaft spielen, wo aus ihnen Baustoffe, Möbeln und andere veräusserbare Waren produziert werden.

Wer einen Baum fällt, der bringt ihn eigentlich um. Denn nur in einer Minderheit der Fälle kann aus einem Baumstrunk wieder ein Baum nachwachsen. Und es würde Jahrzehnte dauern, bis dieser Baum wieder so gross und wirkungsfähig wäre, wie der, den wir umgesägt haben.

Dieses Beispiel zeigt uns auf, dass ein grosser, ausgewachsener Baum äusserst wertvoll ist.

Denn erst ein ausgewachsener, stattlicher und kräftiger Baum kann uns Menschen das in Hülle und Fülle geben, was wir so sehr benötigen. Es geht um Lebensenergie – sogenanntes Prana.

So wie jedes Lebewesen nimmt auch ein Baum Energie aus der Erde, aus der Luft, aus seiner Umgebung und aus dem Kosmos auf. Er verbraucht einen Teil dieser Energie, um sich selbst und seine Lebensfunktionen am Laufen zu halten. Einen grossen Teil all dieser Energien aber arbeitet er auf und stösst sie dann über seine Aura wieder in die Umgebung aus, wo sie von anderen Pflanzen, von Tieren und Menschen aufgenommen und genutzt werden kann.

Natürlich tut dies eine jede Pflanze. Aber eine alte, vitale Eiche kann eben viel mehr und viel weitreichender Energie aufnehmen und wieder abgeben, als dass dies ein Haselstrauch zu tun vermag. Und darum ist für uns auch ein Waldspaziergang in einem Wald mit alten, kräftigen Bäumen viel erholsamer, als es einer wäre, der nur durch Buschwerk und Heide führt.

Der Autor hat mal Urlaub in Kroatien verbringen dürfen, wo er im Hinterland an einem ruhigen Ort in einem Bungalow wohnte. Aber irgendwie fühlte er sich niemals so richtig wohl. Denn es gab zwar überall Wälder, aber in denen gab es keine alten Bäume. Und aufgrund dieser Tatsache stellte der Autor über Beobachtung fest, dass in diesem Landstrich die Wälder alle zwanzig bis dreissig Jahre vollumfänglich zur Brennholznutzung abgeholzt werden. Und entsprechend konnte in diesen Buschwäldern niemals diese wohltuende und beruhigende Energiesituation erwachsen, wie sie dies in einem Wald kann, wo grosse, alte Bäume bewusst stehengelassen werden, damit sie den Wald als solches erhalten helfen.

An einem Tag machte der Autor einen Ausflug an die *Plitvicer Seen*. In diesem grossen Naturreservat war es offensichtlich verboten, den Wald so zu nutzen wie im Umland. Und sofort fühlte der Autor diese wohltuende Energie, die umso stärker auf ihn einzuwirken vermochte, weil er vorher mehrere Tage lang in keinen richtigen Wald gehen konnte, um Kraft zu tanken und sich zu erholen. Und genau in diesem Moment merkte der Autor, wie wichtig für ihn Bäume sind – und wie gut er es doch hat, dass er an einem Ort lebt, wo er nur zur Wohnung hinauszutreten braucht, um in den Einflussbereich grosser vitaler Bäume zu gelangen.

Also, Bäume versorgen andere Lebewesen mit Energie. Und sie tragen so zu einem harmonischen System bei. Denn sie nehmen verschiedene Energiearten auf, verarbeiten diese und geben sie so ab, dass andere Lebewesen diese aufgearbeiteten und somit höher schwingenden Energien leichter aufnehmen können.

Eine Fichte, die als «Ameisenbaum» als Zuhause für grosse Waldameisen dient. Der Specht hat dies bemerkt und hat zu Futterzwecken Löcher in den Stamm gehauen.

Anhand der Nahaufnahme in eines der Löcher des Spechtes wird ersichtlich, dass die Ameisen im Bauminnern Platz für ihren Staat finden, indem sie mehrere Meter des hohlen Stammes nutzen. Waldameisen sind sensible Wesen, die für sie energetisch passende Standorte wählen.

Das ist der kleinere Energiekreislauf, den Bäume erhalten helfen. Aber Bäume arbeiten eben auch im grossen Stil mit Energien. Denn an gewissen Stellen treten aus der Erde grosse Mengen an positiv geladener Energie hervor, die dann in Form von Ley-Linien in geschwungener Weise über die Erdoberfläche dahinziehen. Bäume nehmen – nebst anderen Akteuren – diese Energie auf, verarbeiten sie und leiten sie kleinräumig an andere Pflanzen und Lebewesen weiter. Und wenn die positiven Anteile dieser Energien aufgebraucht sind, dann sammeln die Bäume die entstandenen negativen Energien wieder und leiten sie ab, so dass sie zurück in die Erde fliessen können, wo sie erneuert, aufgearbeitet und dem ewigen Energiekreislauf auf ein Neues übergeben werden.

Wenn wir uns im Wald aufhalten, so können wir anhand der Wuchsformen der Bäume Orte mit positiver oder negativer Energie ausfindig machen. So fällt es uns viel leichter, Kraftorte zu finden und Orte mit negativen Energien zu meiden. Aber mehr dazu wird im Kapitel 11 nachzulesen sein. Hier lassen wir es bei der Aufgabe der Energieverteilung bewenden.

Und weil wir jetzt bereits das Energetische angesprochen haben, wollen wir im nächsten Kapitel dabei bleiben, jedoch noch einen Schritt weitergehen. Wir versuchen nämlich, einen Baum in seiner energetischen Erscheinung genauer zu erfassen.

5 Der Baum als energetische Erscheinung

Wie ein jedes Lebewesen hat auch ein Baum eine energetische Erscheinung. Wir sprechen hier von einem Energiekörper, der parallel zum physischen Körper besteht und diesen mit Energiezufuhr am Leben erhält.

Entsprechend verfügt also auch ein Baum eine Aura, die ihn kreisförmig umgibt, und die in drei Abschnitte eingeteilt werden kann: die *innere Aura,* die den Baum in seiner physischen Erscheinung um wenige Zentimeter bis maximal zwei Meter überragt – je nach Grösse und Vitalität des Baumes. Dann haben wir die *Gesundheitsaura,* die bei einem durchschnittlichen Baum etwa fünf Meter beträgt, jedoch bei einem *Wächterbaum* über das Doppelte betragen kann. Und als Abschluss gegen aussen können wir bei Bäumen auch die *äussere Aura* erkennen. Diese beläuft sich bei einem durchschnittlichen Baum etwa auf acht Meter. Bei besonderen Bäumen aber kann diese Aura bis zu zwanzig Metern weit reichen. Naturfreunde wissen sofort, von welcher Art von Bäumen der Autor hier schreibt.

Nebst der Aura haben Bäume auch Energiezentren, die wir als Chakras kennen. Und wenn im Büchlein *«Heilen – Ein Crash-*

Kurs in energetischem Heilen» diese Chakras für den Menschen beschrieben werden, so gelten die wichtigsten Hauptchakras auch für einen Baum. Und entsprechend kann einem Baum auch über Energiearbeit geholfen werden. Dies kann insbesondere bei Obstbäumen sinnvoll sein, wenn diese im Garten nicht so recht wachsen wollen und sich schwertun, auf einen grünen Zweig zu kommen.

Die Frage stellt sich natürlich jetzt, was das Wissen über die energetische Erscheinung eines Baumes uns denn nützt?

Eigentlich nützt es uns wenig bis nichts. Aber es hilf uns zu erkennen und zu verstehen. Und es kann uns helfen, einen Baum anders zu sehen, was uns tief in unserem Herzen berühren dürfte. Denn so wie bei einem Menschen auch, kann zumindest die innere Aura in Form eines weisslich leuchtenden Energiemantels gesehen werden. Und wenn wir zum Beispiel eine alleinstehende Linde auf einem Hügel aus der richtigen Entfernung betrachten, so können wir in ihrem Umkreis ihre Aura im Blau des sie umgebenden Himmels immer wie deutlicher erkennen, je mehr wir uns gewohnt sind, solche Phänomene zu erschauen, und natürlich auch je feiner wir selbst schwingen.

Und wer dann bei einem ganzen Wald im Licht des Vollmondes die Wirkung und das Zusammenspiel der Aura-Energien beobachten darf, dem dürfte wirklich das Herz vor Freude zu tanzen anfangen – denn das ist ein Schauspiel, von dem keine Emotionen unberührt bleiben.

Natürlich kann man die Auras der Bäume auch über Mesmerismus erfühlen. Man bedient sich hierfür der Handnebenchakras und tastet damit die Umgebung eines Baumes ab. Man startet mal bei zwölf Metern und nähert sich dann mit offener Handfläche dem Baum. Dort, wo man einen deutlichen Widerstand mit der Hand fühlt, ist eine Grenze der drei Auralinien, die oben beschrieben wurden.

Wer diese Energiefelder eines Baumes so zu «ertasten» vermag, dem fällt sofort auf, wie kräftig diese Felder im Vergleich zur Aura eines Menschen sind. Und entsprechend erstaunt es dann nicht mehr, dass Bäume viel mehr positive Energie abzugeben im Stande sind, als dies ein Mensch zu tun vermag. Und so kann Dankbarkeit in uns dafür erwachsen, dass wir Bäume um einen Teil ihrer Energie bitten dürfen, was uns gesund erhält und vitalisiert.

Wer das mit dem «Aura-Fühlen» etwas üben möchte, der kann dies auch bei einer kleineren

Pflanze tun. Man sucht sich zum Beispiel einen Ast eines Busches aus und nähert sich diesem Ast aus der Distanz ab einem Meter, wiederum mit offener Handfläche, an. Meist so im Abstand von zehn bis zwanzig Zentimeter zum Ast nimmt man dann den Widerstand der inneren Aura wahr. Und erstaunlich ist, dass dieser Widerstand auch im Winter während der Vegetationspause fühlbar ist. Aber natürlich wirkt die Aura viel stärker, wenn der Ast Blätter hat und in voller Aktivität ist.

***

Wir haben uns bisher mit einem ziemlich physikalischen Teil der energetischen Erscheinung eines Baumes auseinandergesetzt. Und in der Tat haben wir uns bisher fast ausschliesslich mit der ätherischen Energie-Ebene befasst. Aber im zweiten Kapitel war ja die Rede davon, dass Bäume Sympathie und Antipathie zu empfinden vermögen. Und dies weisst darauf hin, dass im Energiefeld eines Baumes auch astrale Komponenten zu finden sind. Auch über diese Tatsache können wir spannende Beobachtungen machen.

Wenn wir zum Beispiel auf einem Waldspaziergang – vielleicht, wenn es gerade nicht so viele andere Leute unterwegs hat – verschiedene Baumarten über unsere innere

Stimme ansprechen und sie freundlich fragen, ob wir sie umarmen dürfen, so schaffen wir so eine Verbindung auf astraler Ebene zu ihnen. Wir fühlen ihre Antwort intuitiv und der Autor hat noch nie ein Nein auf seine Frage zurückerhalten. Und wenn man die Bäume dann eben umarmt, und sich so in sie hineinfühlt, so kann man je nach Baumart ganz unterschiedliche Energiequalitäten erkennen.

Eine **Eiche** zum Beispiel erdet in hohem Masse. Ihre Energie zieht gegen den Boden, wirkt kräftig und stämmig, und wirkt auf unser Rückgrat und unser Wurzel-Chakra stark energetisierend.

Eine **Rottanne** aber fühlt sich energetisch mild und fein an. Ihre rosarote Energie wirkt leicht heilend und wohltuend. Sie wirkt stark auf unser Herz-Chakra.

Eine **Linde** wirkt noch feiner auf uns. Auch sie strömt eine heilende Art von Energie aus. Aber diese Energie wirkt mildern und beruhigend kühlend auf uns. Bei ihr spricht besonders unser Solarplexus-Chakra an.

Eine **Esche** macht ihrem Namen als Lebensbaum Ehre: Sie vitalisiert uns und gibt uns Kraft und emotionale Energie. Sie macht uns elastisch und dynamisch und hilft unserem Milz-Chakra bei seiner Arbeit.

Ein **Ahorn** wirkt sehr beruhigend auf uns. Er kühlt unser Temperament runter und hilft uns, andächtig und überlegt zu werden. Er wirkt besonders auf die körperrückseitigen Chakras.

Obstbäume wirken sehr verschiedenartig, aber ganz anders als Waldbäume. Wir erkennen in ihnen Ähnlichkeiten, die sich auch in ihren Früchten widerspiegeln. Aber ein Apfelbaum wirkt viel ruhiger und gemächlicher, als zum Beispiel ein Zwetschgenbau, der mit frischer, schon fast überschwänglicher Energie überzeugt. Obstbäume wirken meist auf mehrere Chakras gleichzeitig ein, jedoch dafür nicht so stark wie ein Waldbaum.

Ja, wir können zwischen den verschiedenen Baumarten grosse Unterschiede feststellen. Aber nicht nur das! Auch zwischen verschiedenen Bäumen der gleichen Art stellen wir Unterschiede fest, wenn wir uns in sie hineinfühlen. Und dies ist wohl auch der Grund dafür, dass bestimmte Bäume uns viel mehr ansprechen als andere. Und es dürfte dies auch die Ursache dafür sein, dass wir mit gewissen Bäumen besonders gerne Freundschaft schliessen…

Allerdings erkennen wir anhand der obenstehenden Informationen auch, wie wichtig doch für alle Lebewesen die intakte

Artenvielfalt eines Baumbestandes ist. Denn ein Mischwald ist deshalb viel robuster und widerstandsfähiger, weil die Energien der verschiedenen Bäume kräftigend auf das ganze Ökosystem wirken. Wenn wir auf Kosten der Artenvielfalt Monokulturen anpflanzen, so hat dann zum Beispiel der Borkenkäfer leichtes Spiel, weil das Energiesystem dieses künstlich erschaffenen Waldes nicht mehr harmonisch ist.

Wir hatten es in diesem Kapitel mit einer sehr intimen Seite unserer stillen Freunde zu tun. Und wir müssen uns bewusst sein, dass es viel Zeit braucht, um Bäume energetisch und somit empfindsam wahrzunehmen. Aber unsere Wahrnehmung wächst mit zunehmendem Schwingungslevel. Und unser Schwingungslevel erhöht sich, je stärker es uns gelingt, uns mit anderen Lebewesen zu verbinden.

Ja, man kann über Menschen lachen, die sich darüber freuen, dass sie Bäume in ihrem Wesen wahrzunehmen vermögen – oder sich dieses zumindest einzubilden scheinen.

Aber wer selbst mal empfinden durfte, was ein Baum einem auf höheren Empfindungsebenen geben kann, der hört auf zu lachen und erfreut sich in Dankbarkeit und Demut darüber, was die

Natur uns da für Geschenke machen kann, die niemals mit Geld gekauft werden können.

Natürlich entwickelt sich auch ein Baum. Und je nachdem, was er erlebt und durchgemacht hat, wirkt er dann eben anders auf uns. Ein Baum ist eben auch ein Einzelwesen, das sich individuell entwickelt und entfaltet. Und dieser Entwicklung, diesem Werden und Entfalten, wollen wir uns im nächsten Kapitel hingeben.

6 Das Werden eines Baumes

So wie wir Menschen auch, wächst auch ein Baum. Aber beim Baum dauert es meist länger als bei uns. Manche Bäume dürften problemlos fünfhundert Jahre alt oder gar älter sein. Der Autor hat zum Beispiel bei Fichten im Bergwald über zweihundertzwanzig Jahrringe gezählt, obwohl der Stockdurchmesser dieser Bäume nicht mal dreissig Zentimeter betrug.

Und wenn man sich jetzt vorstellt, wie die Welt sich präsentiert hat, als diese Bäume das Licht des Lebens erblickt haben, so stellen wir sehr schnell fest, dass Bäume uns sehr viel erzählen können.

In Palästina soll es uralte Olivenbäume geben, die bereits zu Lebzeiten Jesu Christi gewachsen sind. Und wenn man eine mittelalterliche Dorflinde fragen würde, was sie alles beobachtet und miterlebt hat, dann käme da so manche Wunderlichkeit oder Niederträchtigkeit zum Vorschein. Denn unter Dorflinden wurde gerichtet. Und zu früheren Zeiten war man mit anderen Lebewesen nicht annähernd so einfühlsam wie in unserer heutigen Zeit.

Also. Ein Baum wächst heran, wie wir Menschen. Allerdings mit dem Unterschied, dass der Baum standortgebunden heranwächst. Das bedeutet, dass das Umfeld und das Klima viel mehr Einfluss auf einen Baum zu nehmen vermögen als auf einen Menschen, der ja ständig unterwegs ist.

Und gerade weil ein Baum immer am gleichen Ort bleibt, wird er nicht nur zum Zeitzeugen, sondern auch zum Zeugen vieler anderen Einwirkungsfaktoren.

Eine Akazie in der Steppe zum Beispiel erhält seine besondere Erscheinungsform durch die Tatsache, dass Tiere ständig Blätter von ihr fressen. Und je nachdem, ob es Elefanten oder Giraffen gibt, sieht der Baum dann eben anders aus.

Eine Fichte wächst ganz anders in ihrer Form und Ausprägung, je nachdem, ob sie freisteht oder in einer Schule aufwächst. Man könnte fast glauben, es handle sich um zwei verschiedene Baumarten.

Ein Baum der regelmässig zurückgeschnitten wird, wirkt völlig anders auf uns als einer, der frei wachsen durfte. Obstbäume aber tragen kaum oder nur sehr spärlich Obst, wenn sie nicht regelmässig und fachkundig geschnitten werden. Und wer eigenes Obst möchte, der tut gut daran, einen Obstbaum zu veredeln. Denn wilde Obstbäume tragen nur wenig schmackhafte Früchte.

Ja, das Werden eines Baumes zeigt uns auf, wie das Umfeld ständig auf ein Lebewesen einwirkt. Und so wie ein Obstbaum verwildert, wenn sich niemand um ihn kümmert, so ist es auch bei uns Menschen. Wer Kinder umsorgt, ihnen Halt bietet und sie vor widrigen Einflüssen schützt, der wird es mit einem anderen Menschen zu tun haben, als wer vernachlässigt und verkommen lässt.

Darum, selbst wenn es im übertragenen Sinne zu verstehen sein sollte, ist es durchaus nachvollziehbar, einem Baum vorzusingen, damit er zu dem wird, was uns später zum Freund werden kann.

Das Werden eines Lebewesens ist das, was es zu dem macht, was es heute ist. An Bäumen können wir beobachten, was wie wirkt. Und entsprechend können wir dann über Reflexion unsere Schlüsse ziehen auf uns selbst und unsere Gattung.

Und so nehmen wir dann nicht mehr die Masse, sondern eben das Individuum wahr. Und das ist ein bedeutender Schritt in unserer Persönlichkeitsentwicklung. Ja, unsere stillen Freunde, die Bäume, können uns lehren, Verschiedenartigkeiten wahrzunehmen. Sie tun dies, indem sie schweigend zu uns sprechen. An uns ist es, zu lernen sie zu verstehen.

7 Verschiedenartigkeiten

Es gibt keinen einzigen Baum, der gleich wächst wie ein anderer. Jedes Ästchen, wächst in seiner eigenen Weise. Jedes Blatt unterscheidet sich von den hunderttausend anderen Blättern des gleichen Baumes.

Ja, ein Baum ist ein einmaliges Einzelwesen voller Individualitäten. Und das, was der Baum ist, wären auch wir Menschen. Aber wir ziehen uns Kleidung an, frisieren uns die Haare und tragen über Schminke und Schmuck dazu bei, dass das Augenmerk von charakteristischen persönlichen Erscheinungsmerkmalen weg auf Äusserlichkeiten und Maskeraden gelenkt wird.

Bäume können uns helfen, Vielfalt wieder entdecken und wertschätzen zu lernen.

Als Hilfsarbeiter auf dem Bau sollte der Autor mal beim Baumaterialien-Händler Bretter kaufen gehen. Und der Chef hat ihm aufgetragen, er solle schauen, dass er schöne Bretter mit gradem Wachstumsverlauf und möglichst wenig Ästen kriege.

Als der Autor dann dem Verkäufer gesagt hat, was er für Bretter wolle, fing der an zu lachen und sagte laut und überdeutlich: «Alle wollen immer perfektes Holz ohne Äste. Hast du schon mal einen Baum ohne Äste gesehen!?»

In der Tat ist Holz ein Naturprodukt. Und wir fühlen uns in Behausungen mit viel naturbelassenem Massivholz darum so wohl, weil dieses Holz durch seine Einzigartigkeit positiv auf uns wirkt – nebst dem, dass es ein Naturprodukt ist, was uns Menschen viel besser bekommt als irgendwelche chemisch hergestellten Industriebaustoffe.

Aber wer mit Massivholz arbeitet, hat eben dem Wert des Holzes immer Rechnung zu tragen. Denn für diesen Baustoff hat ein Baum sein Leben gegeben. Dass wir aus dem Rohstoff, der übrigbleibt etwas Nachhaltiges und Langwährendes erschaffen, wäre eigentlich unsere ethische und moralische Verpflichtung. Und daher bekommt es uns gut, wenn wir Billigbauweisen und Wegwerfmöbeln kritisch gegenüberstehen.

Aber wir sind bei der Verschiedenartigkeit von Bäumen. Und so kommen wir nicht darum herum, der Verschiedenartigkeit etwas genauer nachzugehen:

Ein Baum unterscheidet sich von anderen Bäumen schon mal darin, dass er entweder Blätter oder Nadeln hat. Klar, er könnte auch Stacheln und eine lederartige Oberfläche haben, aber dann würden wir nicht mehr von einem

Baum, sondern eher von einem Kaktus sprechen.

Aber Bäume unterscheiden sich voneinander dadurch, dass sie unterschiedliche Blätter und Nadeln haben. Das kommt davon, dass das Klima und die Lebensbedingungen für einen Nadelbaum weniger vorteilhaft sein müssen als für einen Baum mit Blättern. Darum treffen wir in trockenen Gebieten, im subpolaren Gebiet oder in den Bergen ab einer bestimmten Höhe vermehrt nur noch Nadelbäume oder Bäume mit besonders zähem Blattwerk an. Denn der Baum muss sich gegen Kälte und Trockenheit schützen.

Wenn wir anhand der Blätter und Nadeln Verschiedenartigkeiten feststellen konnten, dann können wir ähnliche Unterschiede auch bei der Beschaffenheit und Erscheinung der Rinde, der Wuchsform, der Verwurzelung, der Vermehrung und vielerlei anderer unscheinbaren Merkmale feststellen. Und bei jedem Unterschied erkennen wir, dass dieser seine Ursache hat. Denn eine sibirische Fichte ist nicht umsonst karg und schmal gewachsen. Hätte sie ausladende Äste, und wäre sie hochgewachsen, so würden die hohe Schneelast und die eisigen Stürme ihr sehr schnell ein Ende bereiten.

Und eine Korkeiche hat nicht vergebens eine Rinde, die sie vor Trockenheit schützt.

So gibt es bei Bäumen vieles zu beobachten und entsprechend zu kombinieren und zu ergründen. Und wer dies tut, der wird achtsam und in seinem Denken umsichtig und flexibel.

Bäume unterscheiden sich in so vielen Belangen voneinander, dass sie für uns zum perfekten Anschauungsobjekt werden, um an ihnen die Einzigartigkeit der Schöpfung in ihrer Perfektion entdecken lernen zu dürfen. Wer diesen Weg geht, der erschafft sich dadurch die Basis, sich mit allem, was ist, in tiefgründigerer Weise zu verbinden. Denn wer die Eigenheiten und Einzigartigkeiten der Dinge erkennt, und versteht, weshalb sie existieren, der taucht viel tiefer in das Sein an sich ein als jemand, der Unterschiede nicht wahrzunehmen vermag.

Wie gross ist doch der Segen für jemanden, der die Verschiedenartigkeiten der Bäume bewundern und wertschätzen darf im Vergleich zu jemandem, der vor lauter Bäumen nicht mal mehr den Wald sieht…

***

Wenn wir jetzt die Verschiedenartigkeit der Bäume, also ihre Individualität, zum Thema genommen haben, und wenn wir erkennen durften, wie diese auf uns Menschen wirken könnte, so haben wir uns dadurch bereits in das Thema des nächsten Kapitels begeben.

Bäume haben ihre Wirkung in vielerlei Belangen. Wir wollen uns als nächstes der Art und Weise annehmen, wie Bäume auf uns Menschen wirken.

8 Die direkte Wirkung auf Menschen

Dieses Kapitel ist nicht abschliessen und somit niemals vollständig, weil der Mensch mit seinen Möglichkeiten gar nie in der Lage sein wird, alle Wirkungen von Bäumen auf seine Spezies wahrnehmen und erfassen zu können. Wir Menschen sind dazu einfach zu grob, zu oberflächlich und vielleicht auch zu überheblich.

Und diese Tatsache sollte uns in unserer Haltung insofern verändern, dass wir Dinge nicht zerstören sollten, die wir nicht wieder gutmachen und wieder instand stellen können. Wie singt doch ein Schweizer Liedermacher: *«Aus einem Goldfisch kann man gut eine Suppe machen, aber umgekehrt geht nicht.»*

Wenn der Mensch Regenwälder abholzt, dann zerstört er etwas, was in seiner Wirkung unendlich ist. Wir wollen kurz und beispielhaft ein paar Wirkungen des Regenwaldes auflisten:

- Ein Regenwald schützt die tropischen Teile der Erde vor Austrocknung und Verwüstung.
- Ein Regenwald speichert unendlich viel Wasser und trägt so zu einem ausgeglichenen globalen Klima bei.
- Ein Regenwald ist das Zuhause von Millionen von Organismen, Pflanzen- und

Tierarten. Und jedes einzelne Ding hat auf dieser Welt über Generationen seine Erfahrungen gemacht, die es ins allgemeine Bewusstsein einspeist. Kann der Mensch auf dieses Wissen in Form von Erfahrungen einfach so verzichten, indem er Arten auslöscht und Lebensräume zerstört?

- Im Regenwald liegen medizinische und wissenschaftliche Geheimnisse verborgen, die es allemal Wert wären, sie zu ergründen – weil der Mensch daran genesen könnte.

- Im Regenwald harmoniert alles miteinander. Dieser Art des Zusammenlebens könnte der Mensch so vieles abgewinnen.

- Das Ökosystem Regenwald zeigt uns auf, dass für alle alles da wäre, wenn alle sich nachhaltig und rücksichtsvoll verhalten würden. Denn ein Raubtier reisst nur so viel Beute, wie es braucht. Warum verhält sich der Mensch anders und zerstört so das, was auf immerdar Leben und Nahrung spenden würde?

- Die bis zu sechzig Meter hohen Baumriesen des tropischen Regenwaldes bilden schon nur allein für sich ein wunderbares Ökosystem. Sie sind über Jahrhunderte, ja gar über Jahrtausende gewachsen. Sie können innert kurzer Zeit umgesägt werden.

Aber sie können niemals wieder heranwachsen, wenn ihr Umfeld ebenfalls zerstört wird. Wer an einem Ast anfängt zu sägen, der bringt das ganze Mobile ins Ungleichgewicht.

Und wenn wir jetzt die obenstehende Auflistung ansehen, so dürfte uns klar werden, dass die Wirkungen so komplex sind, dass wir sie niemals in ihrer Gesamtheit einzuschätzen vermögen. Und darum sollten wir uns unsere Gedanken machen, wenn wir an einer schön polierten Bar aus Teakholz unseren Drink geniessen. Denn genau dieses Holz war mal Teil eines Regenwaldes…

In der Natur kann man so vieles über das Sein an sich lernen. Bäume sind für uns Menschen leicht zu erkennen und zu beobachten. Also sind sie unsere perfekten Lehrer. Denn sie helfen uns achtsam zu werden, auf dass wir immer weiter in die Feinheiten des Unnahbaren vorzustossen vermögen. Und erst wenn genügend Menschen Demut, Achtung und Wertschätzung entwickelt haben, dürfen wir dann annähernd von respektvollem Umgang mit der Natur reden. Vorher verhalten wir uns als Beobachter oder Mittäter so wie der Elefant im Porzellanladen.

Aber es gelingt eben nicht, andere über Gesetzte und Verbote vermeintlich «zur Vernunft» zu bringen. Nur wer selbst erkennt und einsieht, wo überall welche Wirkungen vorhanden sind, kann die Komplexität der Zusammenhänge langsam erahnen und dadurch Einsicht und Erkenntnis entwickeln. Und daher braucht es Bücher wie dieses hier, und es braucht Menschen, die diese Bücher lesen und dann selbst in den Wald gehen, um Wunder zu entdecken.

Lustig dabei ist, dass jemand, der in den Wald geht, von dem Einfluss und der Wirkung der dortigen Energien derart positiv beeinflusst wird, dass er Lust darauf kriegt, mehr zu beobachten und mehr zu erfahren.

Durch positive Energie wird unser Schwingungslevel emporgehoben. Und je höher wir schwingen, je feiner und achtsamer werden wir. Und erst wenn unser Schwingungslevel stimmt, können wir uns auf Bücher wie dieses hier einlassen.

Darum ist eine der wichtigsten Wirkungen der Bäume diejenige, dass es sie gibt, und dass wir bei ihnen das finden, was wir brauchen, damit wir uns als Teil der Menschheit nicht selbst zerstören.

Es geht einmal mehr um Energie und ihre Wirkung. Und da alles Energie ist, tun wir gut daran, uns damit zu verbinden. Tun wir das, so wird unsere Welt vielseitig, facettenreich und erfüllend. Wer die Welt so wahrnehmen darf, der wird durch etwas erfüllt, was er weitergeben darf, ohne dass er dabei etwas verlieren würde. Die Rede ist von selbstloser Liebe…

9 Wächterbäume

Tiefe, selbstlose Liebe empfindet der Autor, wenn er auf einen *Wächterbaum* trifft. Denn Wächterbäume wachen in majestätischer Verantwortung über ihre Umgebung und verteilen positive Energie an alles, was sich in ihrem Umfeld aufhält – ungeachtet der Herkunft, der Gesinnung und der Absichten.

Ja, ein Wächterbaum gibt, ohne zu hinterfragen. Würde jedes Lebewesen auf Erden sich so verhalten, so wäre der Weltfriede Tatsache.

Aber wir wollen genauer zu ergründen versuchen, was ein Wächterbaum, oder mancherorts auch *Königsbaum* genannt, ist, wie man ihn erkennt, und welche Aufgaben er übernimmt.

Der Autor hat mal in einem Buch, wo es um Energien ging von Wächterbäumen gelesen. Auch hat er ein paar Bilder als Beispiele gesehen. Und natürlich war dem Autor sofort klar, dass es sich da um etwas vollkommen Unwissenschaftliches handeln musste.

Aber gleichzeitig fühlte der Autor auch sofort, dass es Wächterbäume gibt. Denn ihm kamen, ohne lange nachdenken zu müssen, Baumfreunde in den Sinn, die zweifellos zu diesen Wächterbäumen gehören mussten. Denn schon als kleiner Junge fühlte sich der Autor von diesen Bäumen besonders angezogen.

Und so machte sich der Autor auf den Weg und besuchte seine alten Freunde aus der Kindheit. Erstaunlich war schon mal, dass diese noch standen. Irgendwie scheinen Wächterbäume vor dem Fällen geschützt zu werden...

Wächterbäume fallen von ihrer Erscheinung her sofort ins Auge. Sie heben sich über ihre Wuchsform, die groben Äste und ihre Rubustheit und Ausstrahlung von anderen Bäumen ab. Hier eine Eiche auf über 1000 Meter über Meer. Diesen Baum hat der Autor schon als kleiner Junge immer wieder besucht...

Bei den alten Freunden angekommen fühlte der Autor, wie Kindheitserinnerungen, vergessene Gefühle und diese heilende Geborgenheit wieder in ihm aufkamen. Und wenn der Autor auf seinen Wanderungen und Spaziergängen auf Wächterbäume trifft, dann fühlt er deutlich und stark, dass es sich um besondere Bäume handeln muss. Zur Sicherheit kann man über kinesiologische Mittel, über seine innere Stimme oder über Mesmerismus noch überprüfen, ob man richtig liegt. Aber meistens ist die Wirkung dieser Wächterbäume so stark, dass keine Zweifel bestehen.

Ein speziell gewachsener Wächterbaum in einem Gebirgswald auf über 1400 Meter über Meer. Normalerweise sterben Fichten ab, wenn sie ihre Krone verlieren. Diese hier aber wuchs weiter und verleiht ihrer Umgebung etwas Geheimnisvolles...

Wächterbäume fallen uns zwangsläufig auf, wenn wir achtsam in der Natur unterwegs sind. Es sind Bäume, die von ihrer Erscheinung her anders wirken und gewachsen sind als ihre

Artgenossen. Meist sind sie stark, stämmig, haben ausladende, eigenwillig gewachsene Äste, und ihre energetische Ausstrahlung ist kräftig und vollumfänglich positiv.

Wer Wächterbäume findet, hat in ihnen Freunde fürs Leben gefunden. Und wer krank und schwach im Bett liegt, der kann sich in Gedanken mit diesen stillen Freunden verbinden, und so bekommt er über sie positive Energie zugeschickt, die eine deutlich wahrnehmbare Wirkung auf die Aura und die Energiezentren des Kranken hat. Denn Wächterbäume sind über ein energetisches Netzwerk untereinander verbunden. Es ist dies ein Netzwerk, das sich sowohl durch die Luft wie auch durch die Erde erstreckt. Und wer sich mit einem Wächterbaum verbindet, der verbindet sich auch mit vielen anderen. Und so darf man teilhaben an etwas, was unerschöpflich ist – solange diese Wächterbäume nicht von unachtsamen Menschen vernichtet werden.

Ein Wächterbaum ist in den allermeisten Fällen selbst gewachsen. Man kann Wächterbäume nicht pflanzen. Denn dass genau diese Baumart an genau diesem Ort wächst, ist kein Zufall.

Wächterbäume wachsen meist so, dass eine wirtschaftliche Nutzung und Verwertung nicht rentabel ist – was die Bäume vor dem Fällen schützt.

Wächterbäume beherbergen immer einen Baumengel, der über ihnen schwebt und seine Kreise zieht. Und in den allermeisten Fällen lebt in einem Wächterbaum auch ein Baumwesen, das sich uns unter günstigen Umständen zu erkennen gibt und uns erkennen lässt.

Wächterbäume sind unscheinbar, aber trotzdem auffällig und eindrücklich für den Wissenden. Oft erkennt man sie nur im Winter, wenn sie die Blätter abgeworfen haben und ihr besonderes Erscheinungsbild offenkundig wird. Sie stehen oft abseits von zivilisierten Gebieten. Tiere suchen gerne Schutz und Erholung in ihrer Nähe. Wir erkennen das an Wildliegeplätzen, Losung und Trittsiegeln. Und auch Naturwesen wie Feen, Elfen und dergleichen lieben die wohlige Atmosphäre in der Nähe solcher Wächter der Natur.

Eine grosse Fichte mit mehreren «Auslegern», also rüsselartig gewachsenen Ästen, die ihrerseits einen neuen Stamm mit Krone bilden. Dieser Wächterbaum steht an einem Kraftort, der regelmässig von Naturfreunden besucht wird.

Die gleiche Fichte in einer Nachaufnahme: Erst aus der Nähe wird ersichtlich, wie gross, massiv und eigenwillig die Äste dieses Baumes in alle Richtungen wachsen.

Der Autor hat viele schöne Erfahrungen machen dürfen in Zusammenhang mit Wächterbäumen. Und er besucht sie immer, wenn er gerade in ihrer Nähe ist. Denn Wächterbäume wachsen an Kraftorten, wo viel positive Energie zur Verfügung steht, die uns

Menschen wohl bekommt. Aber eigentlich geht es dem Autor nicht um die Energie. Es geht ihm um das Gefühl der Geborgenheit und der Ruhe, welches er so wohltuend erfahren darf, wenn er sich in der Nähe dieser Bäume aufhält.

Wächterbäume sind etwas Besonderes! Wer weiss, dass es sie gibt, dem ist es egal, ob man sie eindeutig identifizieren, klassifizieren und wissenschaftlich erklären kann. Es reicht, wenn man fühlt, dass es sich um einen einzigartigen und äusserst speziellen Baum – eben um einen Freund – handelt.

Wenn wir dieses Kapitel nun abschliessen – es ist dies wohl einer der Hauptgründe dafür gewesen, dass der Autor dieses Buch überhaupt schreibt – wollen wir zu einem etwas weniger spektakulären, aber dennoch bedeutenden Thema wechseln. Es geht darum, dass Bäume uns als Zeugen vergangener Zeiten dienen, und auch in der Gegenwart Dinge aufzeigen, die uns zu denken geben sollten.

10 Zeuge der Zeit

Es gibt die *C14-Methode*. Anhand dieser Untersuchungsvariante von antiken Fundgegenständen kann das ungefähre Alter eines Gegenstandes ermittelt werden. Dies insbesondere bei Dingen, die gelebt haben. Denn das Kohlenstoffisotop C14 wird von Organismen aufgenommen und in Körpersubstanz, Holz etc. eingebaut. Und die Menge dieses Isotops bleibt gleich, solange ein Organismus lebt. Sobald er stirb, fängt sich das Isotop an zu zersetzen. Und je nach gemessenem Gehalt der verbleibenden Restmenge kann dann eben errechnet werden, wann in etwa der Organismus zu leben aufgehört hat.

Wenn also antike Städte ausgegraben werden, so liefert das gefundene Bauholz klare Hinweise darüber, wann die Häuser gebaut wurden.

Wenn prähistorische Werkzeuge und Waffen gefunden werden, so liefert der Holzstiel Aufschluss über die Zeit der Herstellung des Gegenstandes.

Das Holz der Bäume ist also auch wissenschaftlich betrachtet ein zuverlässiger Zeitzeuge.

Aber aus einem Baum lässt sich noch vieles mehr ablesen. Zum Beispiel liefert die Dicke der Jahrringe eines Stammes Aufschluss über die klimatischen Bedingungen, die Einfluss auf das Wachstum eines Baumes hatte. Wenn die Jahrringe eng beieinander liegen, dann war es kälter und/oder trockener. Wenn die dunklen Jahrringe dominieren, so waren die Winter hart und kalt. Und wenn es kaum Jahrringe oder keine gab, so haben wir es mit einem Tageszeitenklima und nicht mit einem Jahreszeitenklima zu tun. So können wir kontinentale Plattenverschiebungen nachvollziehen und klimatische Veränderungen ergründen.

Klimakatastrophen wie Vulkanausbrüche, die zu starken Temperaturrückgängen geführt haben, können anhand fehlender oder schmalerer heller Jahrringe erkannt werden.

Aber auch chemische Substanzen, die wissenschaftlich untersucht werden können, nimmt ein Baum in sich auf. Und Bäume haben auch unter Kriegen gelitten und zeugen noch heute von Gefechten und Schlachten, da die Kugeln und Projektile noch immer in den Baumstämmen eingewachsen sind.

Aber um all diese materiellen, äusseren Zeugnisse geht es dem Autor eigentlich gar nicht. Es geht ihm viel mehr um all das, was ein Baum erlebt hat, seit es ihn gibt. Denn so wie jedes andere Lebewesen speist auch ein Baum seine Erfahrungen über seine spirituelle Anbindung in die *Arkasha-Chornik* ein. Es ist dies die Gesamtheit aller Erfahrung und Erkenntnis, die Lebewesen auf Erden jemals machen mussten oder durften – und wohl noch mehr…

Natürlich sind all diese Errungenschaften nicht in irgendeinem Buch in einer Bibliothek zu finden und nachzulesen. Zugang zur Arkasha-Chronik findet man nur, indem man sich mit dem Leben an sich verbindet. Dies kann über verschiedene Techniken und Zugänge erfolgen. Manche versuchen es über Schamanismus, andere über Spiritismus, wiederum andere über Spiritualität, über Übernatürliches oder über Okkultes. Der Autor setzt auf alles und auf nichts. Er macht sich für Charakterbildung und das Streben nach dem höchsten persönlichen Ideal stark – denn wenn das stimmt, ergibt sich alles andere über Verbundenheit von selbst. Und dann kann man eben auch über Bäume in der Arksha-Chronik lesen. Aber es ist dies eher eine Art diffuser Wahrnehmung, ein Eintauchen ins Unfassbare, denn ein verstandesmässiges Erkennen und Begreifen.

Wer weiss, dass besonders alte Bäume – und eben Wächterbäume – dabei helfen können, Zugang zu etwas Wunderbarem und Geheimnisvollem zu finden, der achtet und respektiert sie noch einmal ganz anders.

Bäume können uns also aufzeigen was war. Und wenn sie für uns leiden, so können sie auch aufzeigen was ist. Schlechte Luftqualität, Bodenbelastungen, geographische oder klimatische Veränderungen werden uns jederzeit von Bäumen aufgezeigt. Denn wer Bäume regelmässig beobachtet, der erkennt sofort, wenn es ihnen nicht mehr so gut geht. Sie wirken dann in ihrem Erscheinungsbild beeinträchtigt, ihr Blätterkleid wirkt karger und weniger saftig, ihr Wachstum geht zurück und ihre energetischen Möglichkeiten leiden.

Wer so etwas beobachtet, der kann nach der Ursache des Leidens der Bäume forschen. Und sehr schnell wird dann klar, dass Klimaveränderungen wie Trockenheit im Sommer, Luftverschmutzung, Zerstörung oder Beeinträchtigung des Lebensraumes, Wasserfassungen oder Bodenbelastung durch Chemikalien und Schwermetalle ihre nachteilige Wirkung haben.

Nun, man könnte denken, dass es ja nur Bäume sind, die da leiden. Aber wer Bäume als Zeugen

der Zeit nutzt, der wird ziemlich rasch erkennen
müssen, dass es immer auch den Menschen
schlechter ging, nachdem zuerst die Bäume
gelitten haben...

Selbst wenn ein Baum abstirbt, bleibt er vielen Tieren und
Organismen als Lebensraum erhalten. In diesem Strunk hier
haben sich Spechte an die Arbeit gemacht. Und das grösste
Loch dürfte wohl als Nistplatz dienen.

11 Zeuge der Energien

«Gezwieselte» Stämme weisen häufig auf eine im Boden verlaufende Wasserader hin. Auch wir Menschen reagieren oft stark auf Wasseradern, was sich auf den Schlaf, das Wohlbefinden und die psychische Ausgeglichenheit auswirken kann.

Wir, die wir mehrheitlich in Städten leben, wo so viele Fremdeinflüsse unsere Wahrnehmung beeinträchtigen und abstumpfen lassen, können

Orte mit positiven Energien kaum noch von solchen mit negativen Energien unterscheiden.

Aber es ist halt nun mal so, dass nicht an jedem Ort die gleiche Menge und die gleich gute Qualität von Energie zu finden ist. Denn alles, was lebt, «verbraucht» Energie. Ein Lebewesen nimmt also positive Energie auf, nimmt das daraus, was es benötigt, und gibt dann verbrauchte Energie mit negativen Anteilen wieder ab. Je mehr Lebewesen an einem Ort leben, je weniger positive Energie steht zur Verfügung, und je grösser ist der Anteil an negativen Energien. So lässt sich einfach erklären, warum Tiere in Massentierhaltungen weniger vital sind als Tiere, die in freier Wildbahn leben.

Also, wir, die wir in Städten leben, wo viele Lebewesen viel Lebensenergie aufnehmen und entsprechend viel verbrauchte Energie abgeben, leiden eigentlich ständig an Energiemangel. Und dazu kommt noch, dass Umwelteinflüsse ebenfalls energetisch negativ wirken können. Elektrosmog, Handystrahlung, Abfälle, Abwasser, Chemikalien und so weiter fordern ihren Tribut, wenn wir uns in ihrem Ausstrahlungsbereich befinden. Und so leben wir rund um die Uhr in einem energetischen Umfeld, das uns nicht bekommt.

Wie gut tut es da, wenn man sich ab und zu – am liebsten täglich – eine Auszeit nehmen kann und bei einem Waldspaziergang oder einer Flusswanderung seine Batterien aufladen darf. Denn wer frische, positive Lebensenergie aufnimmt, der kann so auch viel verbrauchte Energie ausschütten. Beides trägt zu erhöhtem Wohlbefinden und gesteigerter Vitalität bei.

Wir wollen nun aber darauf kommen, was das mit Bäumen zu tun hat, und wie diese uns helfen können, wenn es um die Menge und Qualität von Energien geht.

Das Ganze ist recht einfach: Auch in der Natur gibt es Orte, wo mehr positive Energie vorhanden ist als gewöhnlich. Wenn die Energievorkommen aussergewöhnlich hoch sind, sprechen wir von sogenannten Kraftorten.

Es gibt aber auch das Gegenteil davon. Dies sind Orte, wo meist negative Erdstrahlung vorherrscht. An solchen Orten kriegen wir schnell Kopfschmerzen, nehmen ein Schwindelgefühl wahr oder werden nervös und kribbelig. So weist uns unser Empfinden darauf hin, dass wir uns hier nicht aufhalten sollten, weil dies für unser Energiesystem und somit schliesslich auch für unsere Gesundheit nachteilig ist.

Ein Waldstück im Einflussbereich einer negativen Ley-Linie: Die Bäume sterben früh ab, wachsen knorrig in Kümmerwuchs und werden vom Sturm rasch umgekippt: Hier kämpfen die Pflanzen, um zu überleben. Darum gibt es hier keine stattlichen, alten Bäume.

Wenn man jetzt in der Natur Orte mit positiven Energien und solche mit negativer Wirkung erkennen könnte, so könnte man sich dort hinbegeben und an seinen eigenen Körpern erfahren, wie es sich anfühlt, wenn man positiver oder eben negativer Energie ausgesetzt ist. Und so könnte man dann lernen, das zu erkennen, was einem gut tut, und das zu meiden, was einem schadet.

Denn wenn jemand sein Bett über einer negativ ausstrahlenden Wasserader stehen hat, dann macht es Sinn, dieses umzustellen. Und wenn man eine neue Wohnung sucht, hat man ja vielleicht die Möglichkeit, die energetischen Bedingungen so weit als möglich mit zu berücksichtigen. Wenn man zum Beispiel die Wahl hat zwischen einer Wohnung in einem Wohnblock, hinter dem eine Mülldeponie betrieben wird, und einer Wohnung, vor der ein grosser Baum steht, dann dürfte uns schnell mal klar werden, was für uns besser ist.

Aber zurück zu den Bäumen als Zeugen der vorherrschenden Energien.

Da ein Baum fest mit seinem Standort verbunden ist, ist er zwangsläufig auch ständig den dort vorherrschenden Energien ausgesetzt. Dies hat seine Wirkung auf das Wachstum und die Entwicklung des Baumes. Und so können wir anhand gewisser Erscheinungen bei den Bäumen ablesen, ob es sich um Orte mit positiver oder negativer Energie handelt. Wir wollen eine Auswahl solcher Merkmale nachstehend aufführen und erklären:

Immergrüne Pflanzen – Es gibt Bereiche in fast jedem Wald, wo mehr immergrüne Pflanzen wie Efeu, Eiben, Stechpalmen, Misteln und dergleichen vorkommen. Das Vorkommen dieser Pflanzen weist auf positive Energievorkommen hin. Während der Vegetationszeit wachsen an solchen Orten oft auch Farne und Moose viel üppiger als sonst im gleichen Wald. Und so dürfen wir davon ausgehen, dass diese Bereiche auch positiv auf uns wirken.

Eine Fichte, eng umgeben von Eschen und anderen Bäumen und Sträuchern, mit immergrünem Efeu überwachsen und auf eine Stelle von wenigen Quadratmeter beschränkt: Klare Hinweise für einen Ort mit einem Überschuss an positiver Energie.

Positive Baum-Chakras – Manchmal treffen wir auf Bäume, bei denen aus dem Stamm heraus oder an einem Ast eine Art Verwachsung in Form einer rundlichen Wölbung zu erkennen ist. Man bezeichnet solche Erscheinungen auch als *Baum-Chakra*. Sehr oft sind diese Chakras auf eine positive Erdenergielinie ausgerichtet. Das aber nur, wenn das Chakra eine gesunde und positiv erscheinende Wirkung auf uns macht. Wer Adern mit positiver Energie über Mesmerismus wahrnehmen kann, der wird fast sicher in der näheren Umgebung eines Baumes mit einem Chakra eine Energiequelle finden.

Negative Baum-Chakras – Diese Art von Chakra präsentiert uns fast gleich wie die positiven Baum-Chakras. Allerdings wirken diese Chakras ungesund, krebsartig und krank auf uns. Ihre Oberfläche ist zerrissen, grob und kantig. Und man sieht der Verwachsung an, dass der Baum hier energetisch kämpft, weil er einem negativen Energieeinfluss ausgesetzt wird. Negative Baum-Chakras wiesen auf Energielinien mit negativen Energien hin. Manchmal verlaufen diese Linien direkt durch den Stamm. Dann sieht man dem Stamm an, dass der Baum versucht hat, der negativen Strahlung auszuweichen, indem er krumm weiterwächst. Manchmal scheint es aber auch so, als würde der Baum über das Chakra helfen, negative Energien aufzunehmen und zurück in die Erde abzuleiten. Wenn das der Fall ist, dann sind meistens in näherer Umgebung auch andere Erscheinungen zu erkennen, die auf negative Energievorkommen hinweisen. Wir sollten solche Orte meiden, da sie uns auf die Dauer Unwohlsein, Schwindelgefühl oder Kopfschmerzen bereiten und auch unser energetisches Gleichgewicht stressen. Aber wohl bemerkt: Im Wald erkennen wir solche Orte mit negativer Wirkung dank der Bäume und den Zeichen, die sie uns geben. Dort, wo es keine Bäume mehr gibt und nur noch Betonwüsten stehen, weist nichts mehr auf negative Strahlungen hin. Es kann also sein, dass unser Schreibtisch am Arbeitsort an einem Ort steht, wo…

Eine Buche mit einem negativen Baum-Chakra, eine nicht verheilte Verletzung im Stamm, aufgespaltene Rinde, links vom Baum ein negativer Wassertrieb: Dieser Baum nimmt negative Energie auf und versucht sie so gut wie möglich zu neutralisieren – aber er leidet dabei...

Positive Wassertriebe - Bei diesen Erscheinungen handelt es sich um ein überdurchschnittliches Vorkommen von Keimen und Trieben, die meist in Bodennähe aus dem Stamm eines Baumes herauswachsen. Sehen diese Triebe gesund und kräftig aus, und behalten sie über mehrere Jahre ihre Blätter, so handelt es sich um einen Hinweis für positiv vorkommende Energien. Solche Wassertriebe kommen also dort vor, wo ein Baum über ein besonders hohes Mass an positiver Energie verfügt.

Negative Wassertriebe

Auch hier handelt es sich um ein negatives Gegenstück. Negative Wassertriebe bestehen ebenfalls aus einer übermässigen Anzahl von Seitentrieben aus einem Strunk oder einem Baumstamm heraus. Allerdings wachsen diese Triebe nicht gerade, sondern verkrümmt, verbogen oder knorrig. In den meisten Fällen sterben sie innerhalb der gleichen Vegetationsperioden wieder ab. Jedoch scheinen fast jährlich immer wieder neue Triebe nachzustossen. Es scheint, als ob der Baum irgendwie auf ein Übermass an negativ einwirkenden Energien zu reagieren versucht.

Negative Wassertriebe aus einer jungen Esche herausgewachsen. Die Triebe sind mehrheitlich krumm und verdorrt. Dieser Baum steht auf einer Linie mit negativer Erdstrahlung. Diese ist anhand von mehreren abgestorbenen Bäumen, die nacheinander über etwa 50 Meter Länge auf einer Gerade im Wald stehen zu erkennen. Wer also bei einzelnen Bäumen besondere Erscheinungen wahrnimmt und sich dann gut umschaut, der findet meistens auch andere Hinweise, die über die Energievorkommen Aufschluss geben.

Elfenaugen

Normalerweise verwachsen die Äste eines Baumes nicht miteinander. Manchmal aber kann dies aber vorkommen, wenn zwei Äste durch den Wachstumsprozess gegeneinandergedrückt werden. Wenn sie schön sauber und harmonisch miteinander verwachsen, dann kann das bereits ein Hinweis auf erhöhte positive Energievorkommen sein. Wenn aber zwei verschiedene Baumarten miteinander verwachsen, dann ist definitiv klar, dass hier positive Energie in Form von Erdstrahlung, einer Ley-Linie oder aufgrund eines lokalen Vorkommens vorhanden ist. Wer ein Elfenauge sieht und sich in seine Nähe begibt, der fühlt oft rasch, dass ihm die Energie an diesem Ort wohl bekommt.

Ein Elfenauge, das aus dem Zusammenwachsen einer Espe mit einer Buche entstanden ist. Diese Erscheinung wächst direkt neben einem Wächterbaum, der auf einer Ley-Linie steht.

Kümmerwuchs, Totholz, Feuerkäfer etc – Manchmal treffen wir während unseres Waldspazierganges auf einen Bereich, wo

70

abgestorbene Bäume stehen. Diese stehen oft in einer Linie. Und um sie herum wachsen andere Bäume und Pflanzen kümmerlich und langsam. Ihre Erscheinung wirkt gewunden und knorrig. Man sieht den Bäumen an, dass sie kämpfen und leiden. Oft können wir an solchen Stellen auch Ameisenhaufen, grössere Vorkommen an Feuerkäfern oder andere Insekten beobachten.

Eine Ansammlung von Feuerkäfern weisst meist auf negative Erdstrahlung hin. Was für die einen negativ wirkt, scheint anderen Lebewesen gut zu tun...

So wie immergrüne Pflanzen auf positive Energievorkommen hindeuten, zeigen uns die hier beschriebenen Erscheinungen das Gegenteil davon an. An solchen Stellen fliesst oft negative, also verbrauchte Energie zurück ins Erdreich. Oder eine lokale Anomalie, ein

71

negativ wirkender historischer Vorfall, oder ein Bruch in den Erdschichten haben dazu geführt, dass hier negative Energien vorherrschen.

Eine Weide mit einer Vielzahl von Krebsgeschwüren an den Ästen. Diese beschränken sich auf den linken Teil des Strauches, der einer senkrecht herabfallenden negativen Energielinie ausgesetzt ist.

Wächterbäume – Wächterbäume haben wir im Kapitel 9 bereits behandelt. Hier wird nur darauf hingewiesen, dass Wächterbäume entweder an Orten mit positiven Energievorkommen wachsen, also etwa auf Ley-Linien. Oder aber sie sind selbst zum Ursprung der positiven Energien geworden. So oder so dürfen wir von den reichen positiven Einflüssen profitieren.

Hier eine Linde, die stark und kräftig gewachsen ist und eine wunderbare Ausstrahlung hat. Sie steht auf einer Ley-Linie, die von der Bergkette herab ins Tal verläuft.

Quellen – Klar, Wasserquellen spenden Wasser und somit Leben. Und so erstaunt es kaum, dass in ihrer Nähe die Pflanzen üppiger wachsen und kräftiger auf uns zu wirken vermögen. Aber oft ist es kein Zufall, dass eine Quelle genau an diesem Ort aus dem Boden tritt, wo sie seit Jahrhunderten sprudelt und positiv wirkt. Zu erklären, was der Autor da meint, ist schwierig. Aber wer einen solchen Ort kennt, der hat selbst gefühlt, dass die Energien dort anders wirken. Es ist nicht nur die Quelle, oder das Wasser, oder die Umgebung. Es ist die Gesamtheit von dem, was da ist, was positiv auf uns einwirkt.

***

Der Autor hat mal in einem Buch davon gelesen, dass Bäume uns energetische Verhältnisse aufzeigen können. Seither hält er ständig Ausschau nach solchen Signalen und Hinweisen. Und es ist überhaupt nicht so, dass diese Erscheinungen selten wären. Nein, wer oft in der Natur unterwegs ist, besonders dort, wo es etwas abgeschiedener ist, der kann regelmässig auf Indizien für positive oder negative Energien stossen. Und dies zeigt uns auf, dass die Einflüsse von Energielinien, Wasseradern, lokalen Einwirkungen und dergleichen immer und überall vorkommen. Aber wir können sie halt nur dort schnell und einfach erkennen, wo Bäume sie uns anzeigen. Dort, wo keine Bäume mehr stehen, wird es für viele Menschen schwierig, insbesondere den Einwirkungen negativer Energien zu entgehen – weil sie diese schlichtweg nicht bewusst wahrzunehmen vermögen.

Wenn also eine feinfühlige Person darauf hinweist, dass sie sich an einem bestimmten Ort nicht wohlfühlt, dann sollte man besser auf sie hören, als sich über sie lustig zu machen. Dies trifft insbesondere auch auf Kinder zu. Denn diese nehmen noch viel sensibler wahr als wir abgestumpften Erwachsenen. Und wenn an einer bestimmten Stelle im Garten einfach nichts wachsen will, dann liegt das nicht zwingend an der Erde, am Dünger oder an den Nachbarpflanzen. Dann dürfte dies ein energetisch negativ belasteter Ort sein.

Nun, energetische Wirkungsverhältnisse können sich verändern. Denn alle Königreiche arbeiten zusammen daran, dass die Lebensbedingungen allgemein besser werden. Und so wie Pionierpflanzen helfen, Lebensraum zum Beispiel über Humusbildung urbar zu machen, arbeiten auch Bäume daran, dass negative Energieverhältnisse verbessert oder zumindest kompensiert werden können.

***

Damit die energetische Komponente aber in diesem Buch nicht überhandnimmt, wechseln wir nun wieder in einen anderen Themenbereich. Es geht um die gemeinsame Wirkung von Bäumen, also um die Funktion des Waldes an sich.

12 Wald und seine Funktion

Bäume erfreuen uns Menschen mit ihrer Erscheinung und ihrer Wirkung auf uns. Und nur diejenigen, denen die Bäume jedes Jahr wieder Arbeit und somit Mühe machen, äussern sich kritisch. Abgesehen aber vom Zurückschneiden der Bäume im Landwirtschafts- oder Wohngebiet, und dem Wegräumen der Blätter im Herbst, bescheren uns gesunde Bäume weder Aufwand noch Ärger. Kranke Bäume können zu einer Gefahr werden, wenn Stürme dürre Äste abbrechen oder gar den ganzen Baum umwehen. Dann können Häuser oder Passanten gefährdet werden. Entsprechend ist Nachsicht geboten, wenn aus Sicherheitsgründen Bäume eingekürzt oder gar gefällt werden. Dies soll aber nicht daran hindern, einen jungen Baum als Ersatz für den alten kranken Vorgänger zu pflanzen.

Es gibt aber Orte, an denen dürfen die Bäume und Sträucher so wachsen, wie es ihnen beliebt. Wir kennen diese Naturflächen als Wälder. Und Wälder sind in ihrer Funktion und Wirkung für uns Menschen sehr wichtig. Darum sammeln wir in diesem Kapitel ein paar wichtige Fakten, weswegen wir Wälder erhalten, pflegen und achten sollten:

Rückzugsgebiet – Dann, wenn es Wildtieren zu viel wird, ziehen sie sich in den Wald zurück, wo sie Ruhe und Erholung finden, sofern nicht Spaziergänger ihre Hunde freilaufen lassen. Und so wie die Wildtiere haben es auch viele Menschen. Wer regelmässig am gleichen Ort seine Waldspaziergänge macht, der stellt fest, wie viele verschiedene andere Menschen auch Zeit im Wald verbringen. Und die Bandbreite reicht von Kindern bis hin zu älteren Menschen. Der Wald gibt uns etwas, was wir sofort vermissen, wenn wir uns daran gewöhnt haben, es aber nicht mehr regelmässig erfahren dürfen.

Ein Bergwald, der nur schwer zugänglich ist. Nur selten kommen Menschen hierhin. Die Wildtiere können sich hier also in Ruhe aufhalten und erholen, wenn nicht gerade der Luchs umherstreift...

Erholungsraum – Leider kommt es auch im Wald regelmässig zu Nutzungskonflikten. Der Mountainbiker erschreckt den Spaziergänger, der Hund rennt dem Jogger hinterher, die laute Musik der Jugendlichen, die ihre Party bei der Grillstelle feiern, erbost die Naturfreunde; und die Forstarbeiter sperren die Waldwege und zerstören den Wald, auf dass sich diejenigen darüber aufregen, die selbst in einem Haus wohnen, das geheizt wird und in dem viel Holz verbaut wurde. Aber wenn alle nicht nur an sich, sondern auch an die anderen denken, so gelingt es über etwas Rücksichtnahme problemlos, dass der Wald als Erholungsraum für alle dienen kann. Wichtig ist einfach, dass der Wald gross genug bleibt. Denn je kleiner die Fläche, je grösser die Belastung für das einzelne Lebewesen.

Ökosysteme und Artenvielfalt – Jeder Wald ist in seiner Erscheinung etwas Besonderes. Und so ist jeder Wald erhaltens- und schützenswert. Und dabei geht es nicht um den direkten Nutzen, die der Mensch aus einem intakten Wald zieht. Nein, es geht um den Nutzen, den wir von einem intakten Ökosystem haben, in dem Artenvielfalt möglich ist und so erhalten bleibt. Denn was in China geschehen ist, nachdem man alle Spatzen gejagt und zu Tode gehetzt hat, sollte uns als abschreckendes

Beispiel dafür dienen, dass der Mensch in seiner begrenzten Sichtweise die Folgen seines Handelns nicht abzuschätzen vermag. Denn in China kam es aufgrund der fehlenden Spatzen zu grossen Invasionen von schädlichen Insekten, da man ihre natürlichen Feinde, eben die Spatzen, vernichtet hatte. Und so mussten Unmengen an Pestiziden eingesetzt werden, um die Ernte zu schützen. Und weil Pestizide nicht nur die schädlichen, sondern auch die nutzbringenden Insekten vergiften, sind unter anderem die Bienen und die anderen bestäubenden Insekten ausgelöscht worden; mit dem Resultat, dass jetzt mittellose Wanderarbeiter die Blüten der Obstbäume von Hand bestäuben müssen.

Also: Wir Menschen kennen noch lange nicht jede Wirkung und somit den Gesamtnutzen, der aus intakten Ökosystemen hervorgeht. Darum tun wir gut daran, was ist zu bewahren, damit keine bösen Überraschungen aufwarten.

Wasserspeicher – Wenn es regnet, kann man unter einen Baum ans Trockene stehen. Vielleicht sollte man das nicht gerade bei einem Gewitter tun – und schon gar nicht unter einem freistehenden Baum…

Aber wer auch bei heftigem Regen unter einem Baum steht, der kann beobachten, dass es ziemlich lange dauert, bis die ersten Tropfen das Blätterdach durchdringen und dann schliesslich doch bis auf den Boden fallen. Diese Beobachtung zeigt uns auf, wie viel Wasser schon nur ein einzelner Baum bei Niederschlägen aufnimmt, bevor dann der Boden nass wird. Und der Waldboden selbst wirkt ebenfalls wie ein Schwamm. Er kann ein Vielfaches der Wassermenge aufnehmen, die Kulturland aufzunehmen vermag – von versiegelten Oberflächen wie Strassen und Gebäuden ganz zu schweigen. Und so erkennen wir, dass uns Wälder vor Hochwasser schützen, und dass sie gleichzeitig als Wasserspeicher dienen. Denn viele Grundwasservorkommen und Quellen stehen in Zusammenhang mir Wäldern und deren Einfluss auf den Wasserkreislauf. Wären die Wälder nicht, so würden Bäche und Flüsse viel schneller versiegen und austrocknen, was fatale Folgen für Wassertiere und für unsere Trinkwasserversorgung hätte.

Schutz vor Erosion – In der Schweiz gibt es seit 1850 das Waldgesetz, das vorschreibt, dass die Waldfläche im ganzen Land nicht mehr abnehmen darf. Dieses Gesetz stellte ein riesiges Glück für viele Wälder dar. Denn seit fast zweihundert Jahren wurden keine Wälder mehr gerodet. Und gleichzeitig hat man die

Wälder mehrheitlich sorgsam und rücksichtsvoll bewirtschaftet, so dass sie in guten Zustand sind und über eine solide Artenvielfalt verfügen. Kahlschläge und Wiederaufforstungen zu rein wirtschaftlichen Zwecken gibt es in der Schweiz aufgrund des Waldgesetzes keine, oder wenn, dann nur auf kleinen Flächen. Aber das kommt nicht daher, dass die Schweizer besonders naturverbunden gewesen wären. Nein, die Schweiz war im 18. und 19. Jahrhundert ein armes Land mit Überbevölkerung. Viele arme Leute holten sich in den Wäldern das, was sie zum Überleben nötig hatten. Und das war insbesondere auch Feuerholz. Aber auch in den Städten war der Bedarf an Brenn- und Bauholz gross, so dass vor allem im Mittelland und in den Voralpen die Waldflächen stark zurückgingen. Dies führte dazu, dass es zu immer mehr Überschwemmungen und entsprechend zu starker Erosion im Voralpengebiet kam. Die Flüsse rissen ganze Hänge los und trugen das Geschiebe ins Mittelland hinunter, wo dieses die Flussbetten ausfüllte und verstopfte. In den Städten kam es zu grossen Hochwasserschäden, und das ganze Seeland drohte zu versumpfen. Zum Glück gab es genug von der Sorte Leute, die schnell feststellten, dass Schutzbauten im Flachland nichts nützen, wenn nicht die Wurzel des Übels angegangen wird. Und so entstand dann eben das Waldgesetz und damit die Erkenntnis, dass ein gebirgiges Land besonders Sorge tragen sollte zu seinen Wäldern, damit diese die Landschaft, die Verkehrswege, die Kulturflächen und Siedlungsgebiete schützen helfen. Aber dieses Waldgesetz konnte nur umgesetzt werden, weil die armen Leute zu Tausenden nach Amerika ausgewandert sind. Denn die Rohstoff- und Nahrungsmittelknappheit konnte nur so gelöst werden – auf Kosten eines Lebens- und Naturraumes auf der anderen Seite des Atlantiks, der auf seine Weise die Zeche dafür zu tragen hatte…

Schutz vor Steinschlag, Lawinen und Hochwasser – Der vorangehende Abschnitt hat bereits das meiste von diesem hier erklärt. Darum können wir es kurz machen: Es gibt keinen nachhaltigeren, kostengünstigeren und dauerhafteren Schutz gegen Steinschlag, Lawinen und Hochwasser als ein gut erhaltener Schutzwald. Und darum tun die Menschen gut daran, ihre Wälder zu erhalten und zu pflegen. Mehr dazu noch im Kapitel 20.

Nachhaltige Energie – Da jeder Baum jedes Jahr weiterwächst, verzeichnen die Wälder jedes Jahr einen Holzuwachs von an die 10 Kubikmeter Holz pro Hektare. Bei guter und nachhaltiger Waldnutzung können also alle zwanzig Jahre an die 200 Kubikmeter Holz pro Hektare geschlagen werden, ohne dass dem Wald dabei langfristig Schaden entstehen würde.

Bäume leben nicht endlos. Nach einer bestimmten Zeit können zum Beispiel Rottannen, wie hier im Bild ersichtlich, von der Stammmitte heraus zu faulen beginnen. Dies führt früher oder später dazu, dass der Baum abstirbt, umgeweht wird oder einem Borkenkäferbefall anheimfällt. Werden solche Bäume

gefällt und als Energieholz genutzt, dann greift also der Mensch nur einem natürlichen Prozess vor. Und immer, wenn ein Baum gehen muss, können viele andere Pflanzen vom entstandenen Raum und erhöhten Lichteinfall profitieren, was zu einer Verjüngung des Waldes führt und ihn erhalten hilft.

Wenn ein Wald also sorgsam bewirtschaftet wird, so liefert er uns viel Holz, das zur co2-neutralen Energiegewinnung genutzt werden kann. Denn ob Holz verbrannt wird oder verrottet, setzt gleich viel Kohlenstoffdioxid frei. Jedoch nehmen die Bäume beim Wachsen dieses CO_2 wieder auf, wodurch Holz eben zu den nachhaltigen Energieträgern gezählt werden darf. Wichtig aber ist, dass das Holz in guten Heizungen verfeuert wird, die die Rauchgase nachverbrennen und im Idealfall auch filtrieren. Denn ansonsten ist die Energienutzung ineffizient und führt zu einer Feinstaubbelastung der Luft.

Nachhaltige Baustoffe – Natürlich fällt bei einem Holzschlag nicht nur Energieholz, sondern auch Nutzholz an. Noch immer werden pro Kubikmeter Holz gute Preise bezahlt, weil Holz ein unverzichtbarer Baustoff mit vielen positiven Eigenschaften darstellt. Allerdings ist vielerorts ein verschwenderischer Umgang mit dem kostbaren Nutzholz festzustellen. So wird nicht nur schönes Massivholz geschreddert und zu Plattenware verarbeitet. Nein, es werden auch in grossen Mengen Billigholzwaren aus dem Ausland importiert, die nach kurzer Zeit weggeworfen werden, ohne dass sichergestellt ist, dass der Rohstoff Holz aus nachhaltiger Waldwirtschaft stammt.

Werden alte Bäume wie hier im Bild gezielt gefällt und schonend aus dem Wald abgeführt, so kann kostbares Nutzholz gewonnen werden, ohne dass dem Wald Schaden entstehen würde – im Gegenteil. Hier wurden zwei Fichten am Hang gefällt, was einer Fläche von fast

600 Quadratmetern mehr Licht beschert. Somit kann hier Jungwuchs und ein Rückzugsgebiet für Wildtiere entstehen.

Positiver Einfluss auf kleinräumliches und regionales Klima – Jeder Wald hat seinen Einfluss auf das kleinräumliche und regionale Klima. Denn Bäume halten Winde auf und begünstigen so das Wachstum auf den landwirtschaftlich genutzten Flächen, die zwischen den Wäldern liegen. Auch speichern Wälder Energie und geben diese langsam wieder ab. Und dort, wo alle Wälder vollumfänglich abgeholzt wurden, musste man feststellen, dass der Schaden für die ganze Gegend gross war.

Aufwertung von Siedlungsgebieten – Wir wissen es selbst am besten: Sobald wir ein Naherholungsgebiet nahe unserem Wohnort haben, gehen wir viel öfters nach draussen. Und wenn es sich dabei um einen Wald handelt, der nahe unserer Wohnung steht, dann wertet dieser unsere Lebensqualität enorm auf. Und darum kann es nicht genügend Wäldchen, Parks, Alleebäume und Hecken in der Umgebung unseres Siedlungsgebietes geben. Denn der Mensch fühlt sich bewusst und unbewusst besser, wenn er Vogelgezwitscher oder das Räuschen von Blättern hört. Und wenn wir auf unserem Spaziergang Eichhörnchen beobachten dürfen, so erleben wir etwas, und haben so etwas zu erzählen. Bäume und Wälder bereichern unseren Lebensraum also in vielfältiger Weise.

Lernort – Wer von der Natur lernen will, der braucht Natur, die nicht unter ständiger Beeinflussung des Menschen steht. Und so eignet sich der Wald also hervorragend, um zu beobachten, zu analysieren und zu forschen. Denn im Wald können wir Pflanzen, Tiere und Menschen in ihrem Zusammenspiel erfahren und so zu Erkenntnis gelangen. Wir dürfen die Jahreszeiten in ihrer unterschiedlichen Wirkung erleben, dürfen mitverfolgen, wie die Vogelfamilie heranwächst, erfreuen uns an den vielfältig farbigen Blättern im Herbst und fühlen tief in uns, wie die Schneedecke alles zur Ruhe bettet. Wer regelmässig im Wald ist, der lernt; einfach nur schon durch die Tatsache, dass er regelmässig dorthin geht...

Ort der Begegnung – Im Wald können wir nicht nur gleichgesinnte Menschen antreffen. Nein, wir können auch unsere stillen Freunde, die Bäume besuchen. Und wir sehen ab und zu Tiere, die uns ebenfalls vieles sagen können, wenn wir sie nicht stören, sie aber sorgfältig beobachten. Und so wird es für uns Menschen möglich, in Kontakt mit Dingen zu kommen, die uns sonst im Alltag fehlen würden.

***

Der Autor ist viel im Naturraum unterwegs. Er macht oft Spaziergänge an Orten, die er schon kennt. So kann er Veränderungen beobachten. Er macht aber auch regelmässig Wanderungen, die ihn an neue Orte und somit zu neuen Entdeckungen führen. Und es scheint so, als würde die Natur niemals müde werden, mit ihren Besonderheiten zu erfreuen und zu erstaunen. Und so ist es wohl gekommen, dass der Autor Wälder und Bäume niemals missen möchte. Denn das würde zu einer Verarmung seines Alltags und zu energetischem Mangel führen. Vielleicht schreibt er daher dieses Buch hier: Damit auch andere verstehen können, wie wertvoll das ist, was durch das Wachstum von Pflanzen entsteht.

***

Der Autor trägt aber auch einen ständigen Konflikt mit sich herum. Es ist dies die Tatsache, dass Wälder wirtschaftlich genutzt werden. Aber nicht nur das. Auch Tierbestände und Umwelteinflüsse wirken auf den Wald und können ihm nützen oder schaden. Und dies führt uns zum nächsten Kapitel, wo es darum gehen soll, den Wald in seiner ständigen Veränderung verstehen zu lernen.

13 Erneuerung der Bestände

Es gibt Bäume, die können mehrere tausend Jahre alt werden. Es gibt aber auch Bäume, die von selbst absterben. Oder ein Sturmwind fegt ganze Waldstücke um. Oder der Borkenkäfer wütet und lässt ganze Fichtenbestände dahingehen. Oder die Hirsch-Stiere fegen den Bast von ihrem neuen Geweih und beschädigen damit Dutzende von Jungbäumen, so dass diese verdorren. Die Rehe verbeissen die Spitzen der jungen Triebe, so dass es zu Kümmerwuchs kommt, und die trockenen Sommermonate lassen die obersten Äste in den Kronen der Rotbuchen verdorren, so dass diese zu einer lebensbedrohlichen Gefahr werden, wenn sie abbrechen und auf den Wanderweg herunter donnern.

Der Autor ist seit seiner Kindheit im Wald. Schon als Junge hat er geholfen Holz zu schlagen für die eigene Holzheizung. Und auch heute noch schlägt der Autor das Holz, das er braucht, selbst. Er hat auch über mehrere Jahre grosse Flächen von Jungwald gepflegt. Und er hat Windfallholz geastet und entrindet, damit die Borkenkäferpopulation nicht überhandnimmt.

Wer so viel im Wald ist, arbeitet, beobachtet und erlebt, der nimmt früher oder später einen Konflikt in sich selbst wahr.

Es geht dabei um die Veränderungen, die man im Wald zwangsläufig wahrnimmt, wenn man ihn gut kennt.

Wer zum Beispiel Jungwaldpflege macht, der hilft jungen, kräftigen Bäumen, dass sie mehr Platz und Licht erhalten, auf dass sie schön gedeihen und zu einem stattlichen Baum heranwachsen können. Wenn diese Bäume dann aber zwei drei Jahre später vom Rotwild kaputt gemacht werden, dann schmerzt das.

Auch wenn man sich Mühe gegeben hat, dass man sorgsam Holz schlägt, so dass die umstehenden Bäume wenig Schaden nehmen und auch der Boden von schweren Maschinen verschont bleibt, nebendran aber eine Forstunternehmung mit massivem Gerät rücksichtslos vorgeht, dann kommen Fragen auf.

Und wer Bäume zum Freund hat, gleichzeitig aber andere Bäume selbst fällt, der muss sich die Frage stellen, ob er nicht selbst ein «Baummörder» ist.

Nun, wie ersichtlich wird, hat sich der Autor viele Fragen gestellt und über den Wald und über die eigene Beziehung zu diesem nachgedacht. Und was nach über dreissig Jahren dabei herausgekommen ist, ist einerseits befreiend, andrerseits ernüchternd:

Wie in der Landwirtschaft auch gibt es in der Waldwirtschaft in unseren Breitengraden zwei Entwicklungslinien. Wir haben einerseits die gut zugänglichen Wälder, die teilweise sehr intensiv bewirtschaftet werden. Je nach Region, nach Forstunternehmung, nach Förster und Waldbesitzer geschieht das einigermassen schonend, oder aber mit grossem Schaden für die Waldstücke, in denen die Holzschläge erfolgen.

Andrerseits gibt es die schlecht zugänglichen Wälder. Hier lohnt sich ein wirtschaftlicher Holzschlag nicht mehr. Und so kommt es, dass diese Wälder wieder fast vollumfänglich zurück an die Natur gehen. So entstehen Waldreservate, die wieder ursprünglich funktionieren, und wo die Natur die Anpassungen vornimmt, damit der Wald bestehen kann.

Nun. Ganz egal, ob der Mensch im Wald eingreift oder nicht: Die Natur überlebt den Menschen, zumindest in einem Wald der gemässigten Klimazonen.

Der Autor hat festgestellt, dass es fast immer aufs Gleiche herauskommt, ob man Eingriffe gemacht hat oder nicht: Die Natur macht ohnehin das, was sie will. Ob der Wald jetzt gepflegt wurde oder nicht, spielt ihr keine Rolle. Es scheint, als würden all die Eingriffe des Menschen nur dem Zweck dienen, eine etwas höhere Rendite aus dem Wald herauszuholen. Aber eben, schlussendlich geschehen dann trotzdem die Veränderungen, die vom Menschen nicht aufgehalten werden können.

Und das beruhigt irgendwie. Selbst wenn ein Holzschlag ein ganzes Waldstück zu zerstören scheint. Bereits nach drei bis vier Jahren treffen wir am gleichen Ort einen prosperierenden Jungwuchs an, der zur Zukunft des Waldes heranwächst.

Und wenn der Autor einen Baum gefällt hat, dann sieht man drei Jahre später kaum noch, dass da ein Eingriff stattgefunden hat. Nur der Strunk weist darauf hin, dass hier mal ein anderer Baum gewachsen ist. Aber vor ihm taten dies schon viele hundert andere Bäume.

Ein typisches Bild nach einem Eingriff: Der Stunk des alten Baumes ist überwachsen und wurde zum Zuhause für viele verschiedene Insekten und Mikroorganismen. Der Nachwuchs in Form zweier Jungfichten ist bereits am Heranwachsen. Aber noch können Efeu, Geissblatt und andere Sträucher vom Licht profitieren und erfreuen mit ihren Blüten und Beeren die Insekten- und Tierwelt. All das könnte nicht sein, würde der alte Baum noch dastehen...

Und so kommt der Autor zum Schluss, dass der Wald uns lehrt, mit ständiger Veränderung zurechtzukommen. Jede Pflanze, die geht, eröffnet anderen Pflanzen die Möglichkeit, ihr Leben zu leben. Und auch wenn der Mensch sich am momentanen Zustand des Waldes erfreut und diesen so beibehalten möchte. Der Wald selbst, die Tierwelt oder die Umwelt ist immer darin bestrebt, das Alte durch das Neue zu ersetzen. Es geht dabei um das Fortbestehen des Waldes. Es geht um die Erneuerung der Bestände.

Der Autor hat erlebt, dass grosse Bergwälder voller Fichten zurückhaltend genutzt wurden, weil man in den Bäumen einen grossen materiellen Wert sah und auf einen guten Holzpreis zur Vermarktung gewartet hat. Dann kam der Wintersturm *Vivian* und hat tausende dieser Bäume in einer Nacht zerstört. Und knappe zwei Jahrzehnte später kam Wirbelsturm *Lothar* und hat die Tragödie wiederholt. Aus heutiger Sicht betrachtet hat die Natur so das zurückerhalten, was sie zum Bestehen braucht: Strukturierte Waldflächen mit kräftigen Altbäumen, die stehen geblieben sind und über ihre Samen für Nachkommen sorgen. Jungwuchsflächen, wo die Zukunft des Waldes heranwächst, und wo Wildtiere das in Hülle und Fülle finden, was sie brauchen (man redet heute kaum noch von Verbiss-Schäden – im Vergleich zu der Zeit vor den Stürmen, wo die Rehe kaum Futter gefunden haben im Winter). Und vor allem die Artenvielfalt hat in enormem Masse zugenommen: Wo früher nur Fichten standen und kaum eine andere Pflanze Licht für ihr Wachstum erhielt, da haben wir heute das ganze Spektrum der Artenvielfalt, das ein Bergwald auf der Alpennordseite zu bieten hat.

Nun, vieles wurde getan in diesen Wäldern, um sie zu erhalten und zu schützen. Aber wahrscheinlich wäre es auch ohne diese Aufwände so herausgekommen, wie es heute ist.

Es dürfte also so sein, dass der Mensch den Wald braucht, dass aber umgekehrt der Wald den Menschen nicht braucht. Diese Tatsache beruhigt und macht Mut: Der Wald geht uns Menschen in all seiner positiven Wirkung nicht verloren, denn er erhält sich selbst. Er tut es einfach auf seine Weise, nicht auf die Weise, die dem Geldbeutel des Waldbesitzers gut bekommt.

***

Noch nicht behandelt wurde jetzt aber die Frage, wie der Autor mit der Tatsache umgeht, dass er selbst Bäume fällt und sie so um ihre

Existenz bringt. Er will im nächsten Kapitel darauf eingehen.

14 Baumwesen

Der Autor war nicht immer so achtsam und einfühlsam wie heute. Als er jünger war, hat er einfach das getan, was die anderen auch taten. Und er hat es so getan, wie die anderen auch.

Eine Reihe von Geschehnissen hat aber dazu geführt, dass der Autor anfing nachzudenken. Denn je mehr Routine er bei der Waldarbeit hatte, je öfters kam es zu kleineren Zwischenfällen. So hat er sich mal mit der Säge in die Wade gesägt. Oder er stolperte und hatte beim Hinfallen Glück, dass er sich nichts brach. Trotzdem schmerzte dieser Sturz enorm! Mal blieb eine grosse, alte Fichte beim Fällen so in einer Buche hängen, dass sie auch mit grossem Aufwand kaum herunterzukriegen war. Und mal fiel ein Baum so eigenartig, dass der Autor trotz aller Vorkehrungen fast darunter kam. Und all diese Vorfälle in kurzer Zeit nacheinander.

Beim Nachdenken stellte der Autor fest, dass er sich in seiner Haltung verändert hatte. Für ihn war Forstarbeit zur Normalität geworden. Der einzelne Baum spielte ihm keine Rolle mehr. Er arbeitete nur noch und Mass die Arbeit im materiell wirkenden Endresultat.

Aufgrund dieser Erkenntnis nahm er sich vor, seine Haltung über mehr Wertschätzung,

Achtung und Respekt zu verändern. Er verzichtete darauf, geschlagenes Holz zu verkaufen – denn er war ja wirtschaftlich nicht davon abhängig. Er schlug auf nachhaltigere Weise Holz, indem er mehrheitlich nur noch Abgangsholz nutzte, also Bäume, die umgeweht, verdorrt oder vom Borkenkäfer befallen waren. Und er nahm sich viel mehr Zeit für die Waldarbeit.

Und so kam es, dass er irgendwie in eine Beziehung mit dem Wald und den Bäumen kam.

Wenn der Autor heute einen Baum fällt, denn geht er vorher mehrmals zu diesem Baum und spricht mit ihm. Dies mag sich lächerlich anhören, und normale Forstarbeiter würden sich an den Kopf greifen, wenn sie dies hören würden.

Aber der Autor hat seine guten Gründe. Und diese liegen einerseits im Wesen der Bäume, andererseits in den Baumwesen.

Versuchen wir das zu verstehen: Der Autor hat über seine Annäherung an die Bäume feststellen dürfen, dass ein Baum weitaus mehr ist, als dass man üblicherweise denkt. Ein Baum ist eng mit seinen Mit-Bäumen verbunden. Und er ist oft auch sehr bedeutsam für verschiedene Naturwesen, die für unsere Augen nicht sichtbar sind. Und wenn man jetzt unvorbereitet in den Wald kommt, die Motorsäge anwirft und unter grossem Lärm den Baum kurzerhand fällt, so bringt man eine grosse Unruhe in all das, was mit diesem Baum verbunden und wofür er bedeutsam ist. Dies gilt es zu vermeiden. Denn diese Unruhe wirkt negativ auf das ganze Waldstück; auch auf den Waldarbeiter selbst.

Wenn man jetzt aber im Vorfeld zu dem Baum hingeht, ihm die bevorstehenden Absichten erklärt und sein Bedauern bekundet, so gibt man diesem Baum die Möglichkeit, sich auf das, was ihm bevorsteht vorzubereiten. Und es scheint so, als würden Bäume anders funktionieren als wir Menschen: Da sie viel mehr mit dem Wald verbunden sind, ist für sie das Kommen und Gehen etwas Normales. Sie scheinen in anderen Pflanzen fortzubestehen. Und darum dürfte ein Baum nicht nur materiell bestehen, sondern auch auf Seelenebene. Und diese Baumseele, dieses Baumwesen, scheint nicht von einer einzelnen Pflanze abhängig zu sein. Vielmehr ist ein Baum nur wie ein Glied des Ganzen. Und wenn ein Baumwesen im Voraus weiss, dass es dieses Glied verlieren wird, so kann es sich darauf vorbereiten, so dass es keinen Schaden nimmt.

Dies dürfte auch erklären, warum Einzeleingriffe, also das gezielte Fällen einzelner Bäume, vom Wald viel leichter verkraftet werden als grosse Eingriffe oder gar Kahlschläge.

Und so wie die Baumwesen dankbar auf die Vorankündigungen reagieren, reagieren auch die ätherischen Naturwesen. Baumengel, Elfen und andere Erscheinungen haben bei einer Vorwarnung Zeit, sich einen anderen Baum als ihr zuhause zu suchen. Und wenn dann der Eingriff erfolgt, dann bricht keine Panik aus.

Wer so Holz schlägt, der nutzt den Wald, aber er zerstört viel weniger, weil er auf einer anderen Ebene als der materiellen achtsam vorgeht und für die da ist, denen er etwas wegnimmt. Eine solche Haltung wird von den Bäumen und allem, was in ihnen und um sie herum lebt, sehr geschätzt. Und immer dann, wenn sich der Autor bei Waldarbeiten weh macht, oder wenn etwas nicht sauber läuft, dann nimmt er sich Zeit und setzt sich hin. Denn meistens sind solche Hinweise ein Zeichen dafür, dass er achtsamer vorgehen, hinhören und Rücksicht auf die Bedürfnisse von jemandem nehmen sollte.

Ja, das alles klingt verrückt. Aber der Autor hat so seinen Frieden gefunden. Und wenn er die Orte immer wieder aufsucht, wo er gearbeitet hat, dann fühlt er, dass er irgendwie willkommen ist – selbst, wenn er vorher genommen und zerstört hat. Der Wald ist eben auf ständige Erneuerung aus. Wer sich in Verbundenheit in diesen Prozess einfügt, der kann zu einem Teil des Systems werden. Aber ja, schön wäre es, wenn der Autor gar keine Ressourcen mehr verbrauchen würde. Aber das geht nicht. Wer nahe bei der Natur lebt, der erkennt, dass der Mensch in seinem Dasein gezwungen ist, mit Mutter Erde und von Mutter Erde zu leben. Lieber man tut die Dinge selbst, als dass man sich hinter Unwissenheit versteckt und andere das machen lässt, was getan werden muss, damit man ein Zuhause, etwas zu Essen und genügend Wärme im Winter hat.

Bäume zeigen uns auf, dass wir Menschen abhängig sind. Wenn wir uns demensprechend verhalten, dann leben wir in grösserer Harmonie, als wenn wir mit schweren Schuhen auf das feine Parkett der Naturräume treten und dort so manches zertreten und zerstören.

***

Wer Bäume von ihrem Keimen bis hin zu ihrem Gehen beobachtet, und wer ihr Holz in seiner Vielfältigkeit kennengelernt hat, der baut eine Beziehung zu diesem wunderbaren Naturprodukt auf, der wir im nächsten Kapitel besser auf die Spur zu kommen versuchen…

15 Holz

Holz ist ein natürlicher Baustoff. Aber er ist etwas widerspenstig und eigenwillig. Man muss über die Eigenheiten von Holz schon etwas Bescheid wissen, und diese Eigenheiten an einem Stück Holz auch erkennen, wenn man dieses zu einem Möbelstück verarbeiten will, oder wenn man damit etwas baut.

Immer, wenn der Autor bei der Waldarbeit ein schönes Stammstück vor sich hat, muss er sich entscheiden, ob er dieses zu Brennholz verarbeiten oder zur Sägerei bringen und als Nutzholz aufsägen will.

Tatsache ist, dass es beim Holzfällen immer genug Brennholz gibt, denn die Äste und die unschönen Stammteile machen die Mehrheit der Holzmenge aus, die immer wieder anfällt.

Und so kam es, dass der Autor eine Zeitlang alle schönen Stämme aufsägen liess. Er hat aus den Brettern und Balken Möbel geschreinert, hat Bienenbeuten und Wabenrähmen gebastelt, hat Wände damit verschalt, auf dass diese besser aussehen und wirken. Und eine Wohnung, die viele selbstgebaute Gegenstände und Möbel aus Massivholz enthält, wirkt angenehm und vermittelt Geborgenheit. Das ist die besondere Wirkung von Holz. Eine Wirkung, die von keinem anderen Baustoff so stark ausgeht.

Aber irgendwann mal hat man von allem genug. Und so wurde ersichtlich, wie wenig Ressourcen man braucht, wenn man auf Massivholz setzt. Denn Massivholzmöbel halten ewig. Und so lange das Dach bei einem Holzhaus intakt ist, hält auch ein gut gebautes Holzhaus viele Jahrzehnte, um nicht zu sagen Jahrhunderte.

Und so fragt man sich, weshalb die Industrie so viel Holz verbraucht. Die Antwort ist einfach: Das Holz wird meist zu Plattenware und zu Konstruktionsholz verarbeitet und wird so zum Verbrauchs- und Wegwerfprodukt. Wer auf dem Bau tätig ist, kann dies tagtäglich feststellen.

Wenn Holzspäne zur Hälfte mit künstlichem Leim vermengt und dann gepresst werden, damit daraus Holzspanplatten entstehen, dann verliert das Holz seine ursprüngliche Wirkung. Es wird zur Einheitsware, weil es seine Charakteristik verliert. Und die Chemikalien, die es als Spanplatte enthält, sind zwar nötig, um genormten Baustoff herzustellen, allerdings wirken diese nachteilig auf unser Empfinden und unsere Gesundheit.

Immer dann, wenn Massivholz gehackt, zersägt, zerkleinert und dann wieder mit chemischen Produkten verleimt und zu einer

Normware zusammengefügt wird, wird dem Holz seine Individualität genommen. Unsere Wirtschaft ist auf Einheitsware angewiesen, damit effizient und kostengünstig gebaut und produziert werden kann. Aber dabei geht eben das Positive am Holz verloren, das bei einem naturbelassenen Massivholzstück in Form von sichtbaren Ästen, Maserungen, Verwachsungen, Buchs und dergleichen sichtbar bleibt – jedoch auch seine Wirkung auf das Verhalten des Holzstückes hat. Ja, Holz lebt und bewegt sich, selbst wenn es gut getrocknet, gelagert und verarbeitet wurde. Mit dieser Eigenwilligkeit muss man sich abfinden und sie akzeptieren, wenn man dafür die positive Wirkung von Holz auf uns Menschen haben will.

Wer seine Ansprüche etwas reduziert und sich ab natürlichen Eigenheiten im Holz zu erfreuen vermag, der liebt Holz als Baustoff. Wer lieber perfekte Normwaren hat, der meidet alles, was aus Massivholz ist, da der Preis und die Eigenwilligkeit des Holzes dem Willen des Käufers kaum entsprechen.

Aber es gibt auch positive Entwicklungen, denn es ist nicht immer alles nur schlecht. So können Holzresten über neuartige Verarbeitungstechniken besser verwertet werden. Zum Beispiel können aus kleinen

Holzstücken durch Keilverleimung lange, leicht zu verarbeitende Rostlatten hergestellt werden.

Auch Konstruktionsholz braucht man immer auf dem Bau. Wenn man durch Verleimung schöne Massivholzstämme für andere Verwendungszwecke als die Konstruktion sparen kann, also für schöne Sichtholzwände, Fensterrahmen oder schöne Möbelstücke, dann ist das ein Gewinn, weil es Ressourcen schont.

Und wenn durch industrielle Verarbeitung auch weniger schöne Holzstämme zum Beispiel zu Eichenparket verarbeitet werden können, so bringt das dem Endverbraucher viel Wohnqualität und praktischen Nutzen, der Wald leidet aber kaum darunter, weil diese Stammstücke früher zu Energieholz zerhackt worden wären.

Dass Holz durch die verbesserten Verarbeitungstechniken eine Aufwertung erfahren hat, ist also ein Gewinn, weil aus weniger Bäumen mehr Produktionsholz gewonnen werden kann. Das schont Ressourcen. Schön wäre jetzt, wenn selbst das industriell verarbeitete Holz ebenfalls sparsam und nachhaltig eingesetzt würde.

Eines ist sicher: Holz ist ein kostbarer Baustoff, der Wiedererkennbarkeit aufweist, der energetisch positiv auf uns wirkt, und der

vielseitig verwendbar ist. Und daher ist Holz
wertvoll.

*Einrichtung aus Massivholz: Vom Borkenkäfer befallene
Fichtenstämme wurden halbiert und durch das simple
Heraussägen von Quadern zu einem Gestell. Ein
Wohnaccessoire, welches abgesehen von der Arbeit nichts
gekostet hat, da es aus Holz gefertigt wurde, das sonst als
Energielieferant verfeuert wird, oder im Wald liegen bleibt...*

Massivholz erfordert aber auch sorgsame Aufbereitung, Lagerung und viel Wissen bei der Verarbeitung. Und so werden Waren, die aus Massivholz hergestellt wurden sehr teuer. Der Preis ist insofern gerechtfertigt, dass Massivholz lange hält, also sehr dauerhaft ist. Aber wer will heute noch ein Leben lang das Gleiche?

Der Autor mag es, aus eigenem Holz etwas zu konstruieren, zu bauen oder zu basteln. Er tut dies als Freizeitbeschäftigung – und weil er so seine Selbstwirksamkeit erfahren darf. Und so kann er sich immer wieder ab dem erfreuen, was er gebaut hat, denn es handelt sich in jedem Fall um ein Einzelstück. Wer Individuelles aus einem nachhaltigen Baustoff mit Wiedererkennungswert herstellt, der kann sich selbst darin erkennen. So wird über Wertschätzung und Achtung aus dem Holz etwas, was die Industrie niemals hinbekommt.

Vielleicht kann uns das Holz durch all seine Eigenarten lehren, dass nicht immer alles perfekt und genormt sein muss. Denn was perfekt und gleich aussieht, kommt meistens aus der Fabrik. Und was aus der Fabrik kommt, ist Massenware.

Wir Menschen aber suchen das Gegenteil. Wir suchen Sicherheit, Geborgenheit und etwas,

was wir lieben können. Bäume und ihr Holz können uns vieles davon geben. Wie, das versuchen wir im nächsten Kapitel zu ergründen.

16 Geborgenheit

Oft geben wir Menschen uns mondän, aufgeschlossen und extrovertiert. Aber fast alle suchen für sich auch immer wieder die Ruhe, die Geborgenheit und etwas Sicherheit.

Unser Zuhause kann uns all das vermitteln – und am meisten Geborgenheit erfahren wir wohl in unserem eigenen Bett.

Es kommt ein bisschen drauf an, wie man aufgewachsen ist, und was man gewohnt ist. Aber Leute, die achtsam und naturnah gelebt haben oder leben, die fühlen sich in Wohnungen mit naturnahen Baustoffen wohler als dort, wo Glas, Stahl und Beton vorherrschen.

Holz strahlt Wärme und Geborgenheit aus. Wir erkennen dies, wenn wir es berühren: Es fühlt sich warm und angenehm an. Im Gegensatz dazu wirken Glas, Plastik, Metall und Beton kalt.

Holz wirkt auch individuell. Denn kein Stück Holz hat die gleiche Maserung und Struktur wie ein anderes. Und so kann Holz wirken, so wie ein Mensch auch viel mehr wirken kann, wenn er sich frei und individuell kleiden und verhalten darf, im Vergleich zu jemandem, der im Dienst ist und eine Uniform trägt.

Ein Teil der Wirkung eines Baumes lebt im Holz weiter. Wer sich dessen bewusst ist, der versteht, weshalb Holz uns Geborgenheit zu vermitteln vermag. Und wer sich dessen bewusst ist, der betrachtet alles, was aus Holz besteht auch mit anderen Augen.

Für Holzmöbel hat ein Baum gefällt werden müssen. Es kann sich also lohnen, dieses Möbel zu restaurieren, statt es durch ein Billigprodukt aus dem Möbelhaus zu ersetzen.

Grossmutters Tisch besteht aus Massivholz. Dieser Tisch hält ewig, wenn er minimal gepflegt und unterhalten wird. Ein Tisch aus dem Möbelhaus besteht womöglich aus Karton, über das Holzfurnier geklebt wurde. Wundert es da, dass man sich anders fühlt, wenn man an einem solchen Tisch zu Mittag isst?

Ein Teil unseres Wesens wird immer von den materiellen Gegenständen in unserer Umgebung aufgenommen. So entsteht die Wirkung eines Ortens, die wir empfinden, wenn wir irgendwo hingehen. In einer Kirche empfinden wir anders als in einer Alphütte. Und im Ballsaal eines Schlosses wirken ebenfalls andere Energien auf uns als in einem Kellerrestaurant in der Altstadt.

Holz nimmt Wesensenergien sehr leicht auf und speichert sie lange. Wohl deshalb dürfte Holz

111

uns Geborgenheit vermitteln – während zum Beispiel Gitter an den Fenstern Angst machen.

Wer sich solcher Einflüsse bewusst wird, ist auf dem Weg zur Achtsamkeit. Achtsamkeit bedeutet, das wahrzunehmen, was auf Lebewesen einwirkt. Und da auch Bäume Lebewesen sind, können wir mehr für sie tun, wenn wir Einfühlungsvermögen über Achtsamkeit zu ihnen aufbauen. Das wollen wir im nächsten Kapitel genauer betrachten.

17 Was wir für Bäume tun können

Bäume wachsen auf Grund und Boden, und dieser Boden gehört jemandem. Dass Boden gekauft werden kann, ist ein Phänomen unserer Gesellschaft. Aber wir können nichts daran ändern.

Und weil ein Baum standortgebunden ist, liegt sein Schicksal in den Händen des Besitzers des Bodens, auf dem der Baum steht.

Was können wir also für einen Baum tun? Wir können ja nicht über seine Sicherheit, seine Pflege und sein Dasein bestimmen...

Nun, das müssen wir auch nicht. Wir können ohnehin nicht im Einzelnen Einfluss ausüben. Wir können nur über uns als Individuum wirken. Wenn wir uns verändern, dann wirkt diese Veränderung auch auf unsere Umwelt und unser Umfeld.

Wenn wir also unsere Haltung gegenüber den Bäumen und dem, was wir von ihnen erhalten ändern, dann verändert wir uns. Und diese Veränderung wirkt auf die anderen.

So kann es kommen, dass ein Grundbesitzer nicht mehr einfach so einen bedeutsamen Baum fällt, weil er dadurch in negative Schlagzeilen kommen könnte. Denn von je mehr Leuten er hört, dass diesen die Bäume wichtig sind, je vorsichtiger und rücksichtsvoller muss er sich zwangsläufig verhalten. Ja, wir haben es hier mit einem Phänomen innerhalb der Gesellschaft zu tun: Je mehr Achtung und Respekt Menschen für etwas aufbringen, je mehr helfen sie dadurch diffus uns indirekt, etwas zu schützen.

Das ist das eine, was wir für Bäume tun können. Es gibt aber noch mindestens etwas mehr:

Wenn wir mit Bäumen auf der Ebene unserer Gefühle und Gedanken in Kontakt treten, dann erschaffen wir eine Verbindung, von der der Baum profitiert. Denn so wie wir ätherische Energie von den Bäumen aufnehmen, nehmen Bäume astrale und teilweise sogar mentale Energie von uns auf. Ausserdem profitieren Baum- und Naturwesen von unserer Ausstrahlung, wenn wir in verbindender Weise im Naturraum unterwegs sind. Dies führt zu einer unbewussten Interaktion, von der schlussendlich alle Involvierten profitieren.

Wir brauchen also den Bäumen nur unsere Aufmerksamkeit zu erweisen und ihnen Dankbarkeit und Achtung entgegenzubringen, und schon erhalten wir sehr viel von ihnen zurück.

Natürlich ist das alles nicht materiell. Aber wenn wir auf dem Sterbebett liegen, nützt uns das materielle ja ohnehin nichts mehr. Da dürften dann schöne Gefühle und Erinnerungen viel mehr wert sein…

Das Ganze ist eben grösser, als wir denken würden. Und das Ganze ist Natur. Erst über den Einfluss des Menschen wird Natur zu dem, was wir in der Welt sehen. Aber wir sollten nicht vergessen, dass wir trotz unseres Einflusses immer noch winzig klein sind im Vergleich zum Ganzen.

Bäume können uns das aufzeigen, weil sie älter werden als wir.

18 Bäume überleben uns

Dieser Bergahorn dürfte etwa an die zwei- bis dreihundert Jahre alt sein. Er könnte uns vieles erzählen. Auch strahlt er Würde und Majestät aus. Und trotzdem wäre es einem Menschen möglich, diese wunderbare Erscheinung innerhalb von wenigen Minuten zu vernichten. Dies zeigt uns Menschen die grosse Verantwortung auf, die wir tragen: Wir sollten nicht alles tun, was wir tun können. Hingegen sollten wir über alles nachdenken, was es zu ergründen gibt...

Wir Menschen haben im Vergleich zu einem Baum viele Vorteile: Wir können uns von A nach B bewegen, wir können über unser Denken Geräte und Maschinen entwickeln und diese einsetzen, damit sie unsere Möglichkeiten erweitern. Wir sind im Vergleich zu einem Baum agil und flexibel. Und wenn etwas auf uns einwirkt, haben wir viel mehr

Möglichkeiten, um darauf zu reagieren, als dies ein Baum hat.

Es ist darum schnell mal möglich, dass wir uns einem Baum gegenüber überlegen fühlen. Und so kann es kommen, dass wir zu Selbstüberheblichkeit tendieren und uns teilweise etwas überschätzen.

Was wissen wir denn schon von all dem, was ein Baum alles tut? Denn er steht sicher nicht nur da und wartet ab.

Je mehr wir uns Bäumen annähern, sie beobachten, ihr Werden verfolgen und ihre Interaktionen mit anderen Pflanzen, Tieren und Menschen wahrnehmen, je mehr dürfen wir feststellen, wie wohlwollend und im Kern gut doch ein Baum dem gegenüber ist, was ihn umgibt.

Und wenn wir dann unter einem mächtigen Baum stehen, bedenken, dass dieser auch mal winzig klein war, und dass er mit grosser Wahrscheinlichkeit auch noch die Generationen nach uns überleben wird, dann zeigt uns das auf, dass wir nicht nur vergänglich sind, sondern dass unser Leben nur einem Augenzwinkern im Zeitraum hin zur Ewigkeit gleichkommt.

Bäume können uns Dinge aufzeigen, die uns dabei helfen, Wertschätzung, Achtung und

Demut aufzubauen. Und mit solchen positiven Charaktereigenschaften dürfte es uns gelingen, unser Leben nachhaltiger und achtsamer leben zu dürfen.

Ja, mag ein Baumriese für uns auch noch so gross sein. Wahrscheinlich versteht er uns viel besser, als wir uns das vorstellen können.

Und jemand, der uns sehr gut versteht, hat das Zeug dazu, uns ein guter Freund zu sein.

19 Der Baum als Freund

Während der Mensch ständig unterwegs ist, bleibt ein Baum da, wo er schon immer wahr.

Dies hat einen Vorteil für uns: Wir wissen immer, wo der Baum zu finden ist, der uns ans Herz wachsen könnte.

Manchmal, wenn der Autor nicht einschlafen kann, geht er in Gedanken die Bäume durch, die ihm etwas bedeuten. Dann stellt er sie sich aus seiner Erinnerung heraus vor und sieht sie vor seinem geistigen Auge. Und wenn dann die verschiedenen Bäume vorbeiziehen, dann kommt im Autor ein angenehmes Gefühl auf. Es ist das Gefühl, nicht allein sein zu müssen; und auch zu wissen, dass es stille Freunde gibt, die immer da sind, und die auf einen warten.

Wie gesagt, der Autor besucht die Bäume, die er als seine Freunde betrachtet, regelmässig. Und immer begrüsst er sie und fragt, ob er sich ein bisschen in ihrer Nähe aufhalten darf.

Manchmal fragt er, ob er ihre Borke berühren dürfe. Manchmal legt er sich unter den Baum und schaut hinauf ins Blätterdach.

Bäume können sich uns nicht über Sprache oder über Gestik und Mimik mitteilen. Aber sie können sehr gut über unsere Gefühlswelt mit uns Kontakt aufnehmen und so mit uns kommunizieren.

Es lohnt sich also, die Wahrnehmung seiner eigenen Gefühle zu trainieren und zu entwickeln. Denn das ermöglicht einen Austausch mit unseren stillen Freunden.

Natürlich mutet diese Vorstellung wiederum komisch an. Aber selbst Kritiker müssen zugeben, dass – wenn sie sich nur minimal auf die Natur einlassen – ihr Wohlbefinden und ihre Gefühlslage sich verbessern, sobald sie sich im Wald aufhalten und sich Zeit nehmen, um zu sich selbst zu finden. Eben mit der stillen Beihilfe der Bäume.

Wer schwer zu tragen hat. Wer im Moment gerade nicht so auf der Sonnenseite des Lebens steht, der kann die Herausforderungen der Zeit mit Hilfe der Bäume besser meistern und überwinden. Denn Bäume schenken uns das, was wir am meisten brauchen, wenn es uns nicht so gut geht: Es ist ihr Wohlwollen und ihre bedingungslose Zuneigung, wenn wir ihnen unvoreingenommen und achtsam begegnen. Und durch diese Symbiose, die zwischen ihnen und uns so entstehen kann, erhalten wir das, was wir brauchen: Kraft und Mut.

Natürlich erhalten wir von den Bäumen Kraft und Mut mehrheitlich in Form positiver

Energie. Aber wenn unser Energielevel dank der Bäume ansteigt, dann geht es uns eben auf allen Ebenen besser. Und wenn sich unsere Gefühlslage erhellt, wenn unsere Gedanken aufgrund der erwachten Lebensfreude positiv werden, und wenn unsere Aura wieder auszustrahlen beginnt, dann freuen sich unsere stillen Freunde. Denn so erhalten sie etwas zurück, und das ist das, was sie suchen: Es ist die Erweiterung ihrer Möglichkeiten über unsere Gefühle und Gedanken.

Alle Lebewesen lernen und profitieren voneinander, indem sie sich das geben, was sie brauchen, um sich in ihrer Evolution zu entwickeln. Ein Baum ist äusserst interessiert daran, sein Empfinden zu entwickeln. Und wenn sich ein Mensch mit ihm verbindet, so wirkt das lehrreich auf ihn.

Und so schätzen Bäume Menschen, über die sie ihre Wahrnehmungsmöglichkeiten und womöglich auch ihre unbewusste, innere Erkenntnis entwickeln können. Aber sie können uns eben nur schätzen, wenn wir zu ihnen kommen und bereit sind, uns auf sie einzulassen und eine Verbindung zu ihnen aufzubauen.

Es ist also nicht schwer, einen Baum als Freund zu finden. Aber es ist schwer, seine innere Einstellung so anzupassen, dass wir selbst es uns ermöglichen, Bäume als Freunde finden zu können.

Es gäbe vieles, womit wir uns verbinden könnten. Und entsprechend gäbe es vieles, womit wir eine Freundschaft eingehen könnten.

Aber zu diesem Zwecke müssten wir mit offenen Augen und offenem Herzen durch die Welt gehen. Und genau da liegt für uns die Schwierigkeit: Ein Baum kann Jahrzehnte dastehen, ohne dass wir ihn bewusst wahrnehmen; selbst wenn wir jeden Tag auf dem Weg zur Arbeit an ihm vorbeigehen.

Stellen wir uns mal eine Welt vor, in der die Leute die Bäume, an denen sie vorübergehen, grüssen würden! Wie viel Verbundenheit und Nähe könnten so in unserer Gemeinschaft entstehen!

Aber zurzeit grüssen sich ja nicht einmal die Menschen untereinander. Und solange wir Menschen die positive Wirkung von Freundlichkeit und Anstand nicht nutzen, dürften wohl auch die Bäume unerkannt bleiben und so ihr Leben in ihrem Königreich unter ihresgleichen leben.

Schläft ein Lied in allen Dingen,
Die da träumen fort und fort.
Und die Welt hebt an zu singen,
Triffst du nur das Zauberwort…

(Joseph von Eichendorff)

Wenn Romantiker wie *Joseph von Eichendorff* vor gut zweihundert Jahren über ihre Empfindsamkeit, ihre Liebe zur Natur und über ihre Achtsamkeit aufgezeigt haben, dass man auch ein Leben neben der industrialisierten Gesellschaft leben kann, dann ist es vielleicht heute wieder mal an der Zeit zu erkennen, dass es auch ein Leben ausserhalb der digitalen Welt und des Bildschirms gibt.

Einen Baum als Freund zu haben kann uns dabei helfen, die Dinge in uns selbst zu finden, die wir so sehr im Aussen suchen, sie dort aber niemals finden können, weil sich unser Herz halt jetzt nun mal in unserer Brust und nicht irgendwo auf einem Server befindet…

20 Waldnutzung

Dieses Kapitel hier wurde nachträglich noch angefügt. Und zwar deshalb, weil der Autor, als er dieses Buch hier am Schreiben war, auf seinen Spaziergängen mehrmals an Holzschlägen im Wald vorbeikam.

Es geht wiederum um den Konflikt zwischen Nutzen und Bewahren.

Der Autor kennt die zwei Seiten der Medaille aus eigener Erfahrung: Er geniesst es, zur Erholung durch unberührte Wälder zu schlendern und sich von dem, was es dort anzutreffen und zu bestaunen gibt, inspirieren zu lassen.

Aber der Autor lebt auch auf dem Lande und ist somit täglich mit Land- und Forstwirtschaft konfrontiert. Und wer eben auch diese Seite sieht, der stellt fest, dass die Interaktion des Menschen mit dem Naturraum seine eigenen Bedingungen und Gesetze hat.

Darum hat sich der Autor dafür entschieden, dieses Kapitel anzuhängen. Es geht ihm darum, zu erklären und aufzuzeigen, auf dass die beiden Seiten sich besser verstehen. Denn nur über gegenseitiges Verständnis kann ein Konsens entstehen.

Nehmen wir also eine klassische Situation: Der Landwirt fällt einen Baum, weil dieser Schatten wirft und über seine Blätter im Herbst zusätzliche Arbeit verursacht, ohne dass dafür Mehrertrag für den Landwirt herausschauen würde.

Der nNaturliebende Passant sieht, dass da ein Baum «umgebracht» wird und bedauert dies sehr. Er denkt: «Wieder ein unschuldiger Baum, der der Effizienz und dem Profitdenken zum Opfer fällt». Und entweder macht der Passant die Faust in der Hosentasche, oder er geht womöglich sogar hin und beschimpft den Bauern.

Wundert es da, dass da auf beiden Seiten Disharmonie entsteht?

Vielleicht hilft es, wenn man den jeweiligen Parteien kurz erklärt, warum sich die Gegenpartei so verhält, wie sie dies eben tut. Wir wollen mit der Erklärung für die Landwirte anfangen:

Jemand, der **im urbanen Gebiet** wohnt, und der in seinem Alltag kaum Natur und Bäume antrifft, der vermisst diese Dinge. Und wenn jetzt in einer Stadt, wo es ohnehin schon zu wenig Grün hat, auch noch Bäume gefällt werden, dann führt das zu einem Bedauern und zu Angst. Denn eigentlich sollte das Gegenteil

125

geschehen: In der Stadt sollten überall grüne Flecken wachsen, damit der Lebensraum aufgewertet und die Lebensqualität gesteigert wird. Und so wird ersichtlich, dass ein Stadtbewohner sich nicht bewusst ist, dass im Naturraum ein ständiger Kampf der gegenseitigen Verdrängung herrscht. Und dieser Kampf ist das tägliche Brot des Landwirts. Darum wollen wir im nächsten Abschnitt den Stadtbewohnern zu erklären versuchen, warum ein Landwirt nichts Negatives darin sieht, Hecken zu schneiden und Bäume zu fällen.

Im Naturraum wächst viel mehr als in der Stadt. Wenn im Landwirtschaftsgebiet nicht ständig gemäht, zurückgeschnitten und gepflegt wird, dann überwächst binnen weniger Jahre die landwirtschaftliche Nutzfläche, mit der ein Landwirt seinen Lebensunterhalt verdient. Dieser Effekt ist in den Randregionen viel ausgeprägter als dort, wo seit Jahrzehnten Intensivlandwirtschaft betrieben wird und die Fläche zu einer Art «grüner Wüste» verkommen ist. Aber vor allem im hügeligen und bergigen Gebiet entsteht durch das Wachstum der Büsche, die Ausweitung der Hecken und Waldränder jedes Jahr viel Arbeit, die mehrheitlich von Hand erledigt werden muss, was auf die Dauer zermürbend und anstrengend wird. Und da der Ertrag abnimmt, wenn diese Arbeiten nicht ständig gewissenhaft ausgeführt werden, wäre manchem Landwirt lieber, Büsche und Bäume würden weniger schnell wachsen – oder am liebsten gar nicht…

Auf dieser Bergweide wechseln sich Weidefläche und Waldstücke fliessend ab. Wenn nicht regelmässig die grössten Bäume an den Waldrändern herausgefällt werden, dann weitet sich die Waldfläche erstaunlich schnell aus. Aber sowohl die Landwirtschaft wie auch die natürliche Artenvielfalt leben vom Gleichgewicht zwischen Weide- und Waldfläche, denn so sollte eigentlich nachhaltige landwirtschaftliche Nutzung aussehen: Es hat Platz für Natur und Mensch. Wenn jetzt, wie auf dem Bild zu sehen, alle zehn Jahre Holz geschlagen wird, so hilft dieser Eingriff etwas erhalten, was sonst sehr schnell zu monotonem Bergfichten-Wald mutieren würde, wovon es oberhalb dieser Weide bereits mehrere Dutzend Hektaren hat.

Wie so oft liegt natürlich die Wahrheit und die Symbiose in der Mitte zwischen den Interessengruppen.

Wenn ein Landwirt alle Hecken mit dem Bagger ausmacht, den Wald so weit wie nur gesetzlich möglich zurückdrängt und die Bäche eindolt, dann setzt er seine wirtschaftlichen Interessen über die der Gesellschaft und der Natur.

Wenn aber der Stadtbewohner, der nicht täglich von Hand arbeiten muss, dem Landwirten befielt, er solle nebst der Produktion der Nahrungsmittel (was der Landwirt als seine primäre Aufgabe ansieht, weil er damit ja seinen Lebensunterhalt verdient) auch noch den Naturraum so pflegen, dass es sich darin am Wochenende angenehm spazieren lässt, dann wird so ziemlich jedem klar, dass man vom Bauern nicht erwarten darf, dass er über Jahrzehnte ohne irgendwelche Anreize Landschaftsgärtner spielt.

Und so kommen wir dann zum Konsens: Wenn die öffentliche Hand im Interesse aller Beteiligten nachhaltige Arbeit im Naturraum entschädigt, dann können alle davon profitieren. Das Problem ist nur, dass niemand Lust hat, diese Arbeit auszuführen. Denn diese Arbeit ist anstrengend, weil sie von Hand mit

Körperkraft ausgeführt werden muss. Und weder der Bauer noch der Stadtbewohner hat Lust (und wohl auch kaum das Wissen dazu), zwei Wochen jährlich Hecken zu schneiden und dabei auch noch auf die Regeln einer nachhaltigen Heckenpflege zu achten, die besagt, dass langsam wachsende Büsche weniger stark zurückgeschnitten werden, während schnellwachsende Arten jährlich auf den Stock zu setzen sind...

Und wenn wir hier jetzt den Konflikt zwischen Landwirtschaft und Naturfreunden geschildert haben, so könnten wir so ziemlich das Gleiche mit der Forstwirtschaft und den Waldliebhabern tun. Auch Forstwirtschaft besteht aus gefährlicher und anstrengender Arbeit, die wenig einbringt, aber für die Gesellschaft von Bedeutung ist.

Dann, wenn der Mensch erkennt, dass man in Einklang mit der Natur leben könnte, würde vieles einfacher werden. Aber im Moment soll alles grösser werden und mehr rentieren. Und wenn man anstatt hundert Meter Hecke jährlich dreihundert Meter zu pflegen hat, dann kommt wohl noch manch einer auf die Idee, dass er sich diese wiederkehrende Arbeit sparen kann, indem er die Hecke ein für alle Male ausmacht und beseitigt.

Leidtragend ist das Ökosystem: Denn die Vögel finden keine Ruhestätten und Nistmöglichkeiten mehr. Die Insekten müssen auf den Nektar der Heckenpflanzen verzichten, die von Februar bis Mai schön gestaffelt zur Blüte kommen und so für die kleinen Mitspieler im Ökosystem sorgen, so dass diese auch dann noch leben, wenn die Obstbäume blühen und auf Bestäuber angewiesen sind. Der Feldhase rennt sich zu Tode, wenn er zu weit hat, um sich in der nächsten Hecke vor dem freilaufenden Hund zu verstecken, und das Wild wird immer mehr in den Wald zurückgedrängt, wo dann Jungwuchs verbissen wird, anstatt dass die frischen Triebe der Hecke gefressen würden…

Ja, hätte der Mensch den Gesamtüberblick, er würde sich anders verhalten. Aber solange jeder für sich und zwangsläufig auf seine Geldbörse schaut, nimmt eben eine kapitalistisch geprägte Landschaftsentwicklung ihren Lauf. Aber dann, wenn mehr Menschen erkennen, dass weniger mehr ist, wird es zu Veränderungen kommen. Es gibt diese Leute bereits, und zwar in allen Bereichen der Gesellschaft.

Vielleicht kann dieses Buch hier mithelfen, die Fronten etwas zu beschwichtigen und über Wissen und Verständnis zu einem harmonischeren Miteinander beizutragen. Denn es sind ja immer die Stillen und Schwachen, die am meisten leiden, wenn ein Konflikt schwelt, der Disharmonie hervorruft.

Eines sollten wir uns aber immer vor Augen halten: Es geht um das richtige Gleichgewicht. In der Stadt hat der Mensch überhandgenommen und die Natur verdrängt. Im Naturraum wirkt die Rückeroberung der Pflanzen ständig auf die Kulturflächen ein. Im Wald beeinflusst der Interessenskonflikt zwischen wirtschaftlicher Nutzung und Erhaltung des Naturraums die Entwicklung. Und immer ist der Mensch der, der das Gleichgewicht erhalten oder zerstören kann.

Der Mensch hat viel mehr Verantwortung zu tragen, als er es sich bewusst ist. Wir sollten einander unterstützen, so dass das Tragen dieser Verantwortung auf möglichst viele Schultern aufgeteilt wird. Entsprechend ist es gut, wenn Naturfreunde freiwillige Arbeitseinsätze in Forst und Landwirtschaft leisten. Denn das wirkt verbindend und hilft, Wissen und Erkenntnis zu erhalten und zu verbreiten.

Aber eben, wir können immer nur für uns selbst entscheiden und selbst Hand anlegen. Über unsere Mitmenschen können wir nicht bestimmen, denn sonst würden wir deren Freiheiten einschränken, was uns nicht zusteht.

Was du nicht willst, was man dir tut, das füge auch keinem andern zu.

Und so kommen wir langsam, aber sicher zum Abschluss dieses Buches. Nämlich, indem wir unsere Verantwortung erkennen und wahrnehmen.

Sicherlich, es gäbe noch vieles zu schreiben, denn das Wissen über Bäume und all das, was mit ihnen zusammenhängt, geht niemals zur Neige, da es immer wieder Neues zu entdecken gibt. Aber ein Buch kann eben nur Basiswissen vermitteln und Anstösse geben. Den Weg hin zum Baum aber muss jeder von uns selbst gehen. Aber dieser Weg lohnt sich! Den er führt zu eigenen Beobachtungen und zu selbst gemachter Erkenntnis.

21 Ausblick

Wie schon immer in der Geschichte der Menschheit teilt sich die Gesellschaft in mindestens zwei verschiedene Gruppen auf. Und es scheint, als würde die Gruppe derer, die sich an der Natur zu orientieren versuchen, wachsen.

Gleichzeitig wächst aber auch die Gruppe, die auf Konsum und somit auf das Lustprinzip ausgerichtet ist.

Für uns ist wichtig, dass es nicht zu einem offenen Konflikt zwischen diesen Gruppen kommt. Denn das führt meist zu Schaden und Leid für alle Beteiligten.

Wenn jemand achtsamer und rücksichtsvoller durchs Leben geht, dann hinterlässt er einen kleineren Fussabdruck, was es Mutter Erde erlaubt, sich zu erholen und anders zu wirken. Dies dürfte wohl der einzige Weg sein, der all die anstehenden Probleme auf nachhaltige Weise lösen hilft. Denn es gibt genug für alle. Aber nur, wenn wir uns auf das beschränken, was wir nötig haben. Tatsache ist, dass wir erstaunlich wenig nötig haben.

Würden Pflanzen, Tiere und Menschen auf faire Weise all das miteinander teilen, was uns Mutter Erde gibt, dann ginge es wohl allen besser. Aber damit dies möglich wird, müssen wir das Gefühl des Mangels und unser Bedürfnis nach Sicherheit in uns selbst abzulegen versuchen. Denn solange wir Angst haben und unsere Gier nicht kontrollieren können, wird es immer Bäume geben, die weichen müssen, weil jemand ihr Holz will, oder ihnen ihren Platz streitig machen will.

Es gibt auf der Welt viel mehr Beispiele, wo Menschen in nachhaltiger Symbiose mit ihrer Umwelt zusammenleben, als dass es Zerstörung und Ausbeutung gibt. Wenn wir unser Augenmerk mehr auf diese Tatsache richten, dann können wir Mut schöpfen und voneinander lernen. Es ist die Art und Weise, wie wir durch unser Leben gehen und worauf wir unseren Blick richten, die unseren Weg beeinflusst und unsere Entwicklung prägt. Der Verlag denkmalnach.ch versucht, auf konstruktive Weise über positives Denken dabei zu helfen.

22 Schlusswort

Dieses Buch hier ist der erste Titel, der im Rahmen des «*Gesamtwerkes 3*» des Verlages erscheint. Der Autor ist etwas hin- und hergerissen. Einerseits schreibt er sehr gerne im Rahmen dieser Serie «*Anderes Wissen*». Jedoch fürchtet er auch ein bisschen, dass er missverstanden werden könnte. Aber wenn jemand bis hierhin gelesen hat, dann dürfte dies wohl kaum der Fall sein. Und darum braucht der Autor auch nicht über seine Befürchtungen zu schreiben.

Es dürfte wohl mehr bringen, wenn hier noch kurz der Unterschied zwischen dem *Gesamtwerk 1* und dem *Gesamtwerk 3* aufgezeigt wird:

Wenn es im Gesamtwerk 1 um Persönlichkeitsentwicklung und Charakterbildung geht, und das in einem sehr weit gefassten Rahmen, so geht es im Gesamtwerk 3 eigentlich nur um das Vermitteln einer Wissensgrundlage zu Themen, über die es nicht so einfach ist, Informationen zu finden.

So gesehen kommt das Gesamtwerk 3 ziemlich simpel und banal daher, da es mehrheitlich nur auf der Wissensebene auf die Leserschaft wirken kann. Aber Wissen ist halt nun mal die Basis, um seine Gedanken darauf aufzubauen.

So wie der Fisch im Wasser schwimmt, und der Vogel in der Luft fliegt, bedienen sich unsere Gedanken unseres Wissens, um sich darin fortzubewegen und zu entwickeln. Und aus dieser Perspektive betrachtet wird das Gesamtwerk 3 zum Wegbereiter von dem, woran der Autor bisher im Rahmen des Gesamtwerkes 1 gearbeitet hat. Es ist wohl so wie im Leben allgemein: Es braucht alle Teile, damit das Ganze heil werden kann. Und wir Menschen brauchen wohl daher auch verschiedene Ansätze, um unseren Weg zu finden, um dann, wenn es so weit ist, in Frieden mit uns selbst unsere Heimreise antreten zu dürfen.

Herzlichen Dank, dass Sie sich für die Natur und Ihre Belange interessieren. Danke, dass Sie Ihr Wissen erweitern. Und herzlichen Dank auch dafür, dass Sie über Ihr Interesse den Verlag und seine Sache unterstützen helfen!

Alles Gute und viele schöne Erfahrungen, wenn Sie dabei sind, das Leben in all seinen wunderschön glänzenden Facetten wahrzunehmen und immer weiter zu entdecken!

Anmerkung

Bei Bäumen spielt uns sprachlich gesehen ihr Geschlecht kaum eine Rolle – selbst wenn ihr Fortbestehen, wie bei uns Menschen auch, davon abhängt. Der Autor hat sich diesen Sachverhalt zum Beispiel genommen und hat in diesem Buch nicht immer so gut gegendert, wie es möglich wäre und von gewissen Kreisen gefordert wird. Aber es geht in dieser Buchserie um das neutrale Vermitteln von Wissen der anderen Art, nicht um den Kampf der Geschlechter. Und darum hat der Autor der Verständlichkeit und Lesefreundlichkeit des Textes eine höhere Priorität eingeräumt als den formellen Bedürfnissen einer Gruppe innerhalb der Gesellschaft, die auf Akzentuierung und Hervorhebung setzt. Manchmal wirkt das Stille, aber Wohlwollende weiter als das Laute und Unstetige…

Dennoch hält der Autor hier fest, dass ihm das Einhalten der goldenen Regel wichtig ist – und dies auch verbindend zwischen den Geschlechtern.

Titelübersicht Gesamtwerk 3

Die nachstehend aufgeführten Titel sind zurzeit in Entstehung. Sie werden laufend als **E-Book** und **Taschenbuch** auf _www.amazon.de_ veröffentlicht.

(Eine **Titelübersicht über das Gesamtwerk 1** mit den über 80 erschienen Werken sowie die Anleitung dazu sind auf der Website des Verlages _www.denkmalnach.ch_ als PDF gratis downloadbar.)

Herzlichen Dank, dass Sie diese Art von Büchern lesen und weiterempfehlen!